学ぶ人は、
変えて
ゆく人だ。

目の前にある問題はもちろん、

人生の問いや、

社会の課題を自ら見つけ、

挑み続けるために、人は学ぶ。

「学び」で、

少しずつ世界は変えてゆける。

いつでも、どこでも、誰でも、

学ぶことができる世の中へ。

旺文社

とってもやさしい

中2数学

これさえあれば

授業がわかる

三訂版

旺文社

は じ め に

　この本は，数学が苦手な人にとって「やさしく」数学の勉強ができるように作られた問題集です。

　中学校の数学を勉強していく中で，小学校の算数とくらべて数学が一気に難しくなった，急にわからなくなった，と感じている人がいるかもしれません。そういう人たちが基礎から勉強をしてみようと思ったときに手助けとなる問題集です。

　『とってもやさしい数学』シリーズでは，中学校で習う数学の公式の使いかたや計算のしかたを，シンプルにわかりやすく解説しています。1回の学習はたった2ページで，コンパクトにまとまっているので，無理なく自分のペースで学習を進めることができるようになっています。左ページの解説をよく読んで内容を理解したら，すぐに右ページの練習問題に取り組んで，解き方が身についたかを確認しましょう。解けなかった問題は，左ページや解答解説を読んで，わかるようになるまで解き直してみてください。

　また，各章の最後には「おさらい問題」も掲載しています。章の内容を理解できたかの力だめしや定期テスト対策にぜひ活用してください。

　この本を1冊終えたときに，みなさんが数学に対して少しでも苦手意識をなくし，「わかる！」「解ける！」ようになってくれたら，とてもうれしいです。みなさんのお役に立てることを願っています。

株式会社　旺文社

もくじ

1章　式の計算

2章　連立方程式

5章　三角形・四角形

6章　確率と箱ひげ図

Web上でのスケジュール表について

下記にアクセスすると1週間の予定が立てられて、ふり返りもできるスケジュール表（PDFファイル形式）をダウンロードすることができます。ぜひ活用してください。

https://www.obunsha.co.jp/service/toteyasa/

本書の特長と使い方

1単元は2ページ構成です。左ページの解説を読んで理解したら, 右ページの練習問題に取り組みましょう。

◆左ページ

◆右ページ

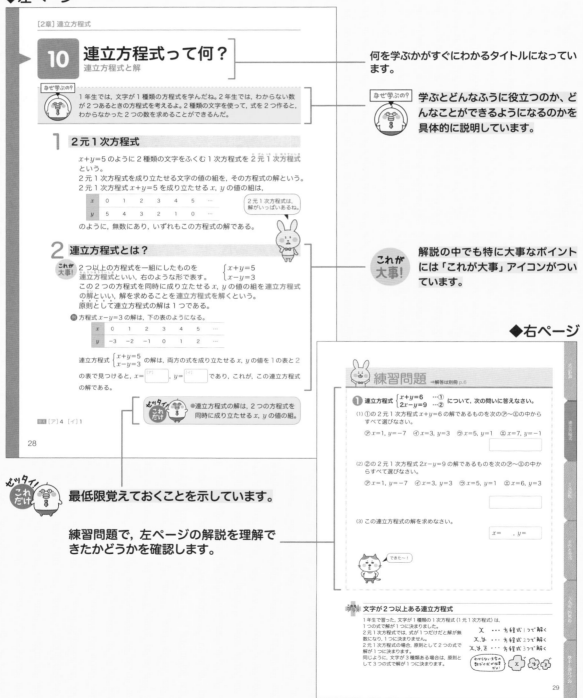

何を学ぶかがすぐにわかるタイトルになっています。

学ぶとどんなふうに役立つのか、どんなことができるようになるのかを具体的に説明しています。

解説の中でも特に大事なポイントには「これが大事」アイコンがついています。

最低限覚えておくことを示しています。

練習問題で, 左ページの解説を理解できたかどうかを確認します。

◆おさらい問題

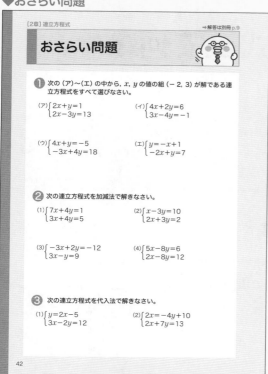

各章の最後には「おさらい問題」があります。問題を解くことで，章の内容を理解できているかどうかをしっかり確認できます。

◆問題の解答と解説

各単元の「練習問題」や各章の「おさらい問題」の解答と解説が切り離して確認できます。

スタッフ

執筆協力	佐藤寿之
編集協力	有限会社編集室ビーライン
校正・校閲	山下聡　吉川貴子 株式会社ぷれす
本文デザイン	TwoThree
カバーデザイン	及川真咲デザイン事務所（内津剛）
イラスト	福田真知子（熊アート）　高村あゆみ

1 単項式・多項式って何？

単項式と多項式

 なぜ学ぶの？ 1年生で学習した文字式のきまりや計算のしかたを応用すると，さらにいろいろな式の計算ができるようになるよ。文字の数や項の数が増えるけど，考え方は同じだから，落ち着いて取り組もう。

1 単項式と多項式の違いは？

 これが大事！ $2x$ のように数や文字の乗法だけでできている式を，**単項式**という。
$2x-3y+4$ のように，2つ以上の項でできている式を，**多項式**という。

例 [1] 次の①〜④のうち，単項式は [ア]

　　① $2x$ 　　② $x+y$ 　　③ ax 　　④ a^2-a

[2] 文字式 $5x-6y+7$ は [イ] 項式で，

項は [ウ] と　　　と

> 項が1つで
> **単項式**
> 項がたくさんで
> **多項式**だね。

2 次数って何？

 これが大事！ 1つの項で，かけ合わされている文字の個数を，その項の**次数**という。
(1) $2x$ や $-3y$ は，かけ合わされている文字が1つなので，1次の項。
　　x^2 は $x×x$，$2xy$ は $2×x×y$ のように，文字が2個かけ合わされているから，2次の項。
(2) 多項式の次数は，式の中の各項の次数のうち，最も大きいもの。
　　$2x-3$ 　　　→1次式
　　x^2+2x+4 →2次式（x^2 の次数は2次，$2x$ の次数は1次で，最も大きい次数は2）

例 [1] ①$-4x$ 　　②$3x^2$ 　　③$2xy$ 　　④$-10x$ のうち，

　　1次の項は [エ]　　　　　，2次の項は [オ]

[2] $-2x^2+5x$ は [カ] 次式，$3x+5y$ は [キ] 次式

答え [ア]①，③ [イ]多
[ウ]$5x$，$-6y$，$+7$ [エ]①，④
[オ]②，③ [カ]2 [キ]1

 **ゼッタイ！これだけ** ●多項式の次数は，式の中の項で次数が最も大きい項の次数。

練習問題 →解答は別冊 p.2

❶ 次の多項式の項をいいなさい。

(1) $4a+3$

(2) $x-2y$

(3) $a^2-4ab+3b^2$

(4) x^2-8x+7

❷ 次の式は，それぞれ何次式か答えなさい。

(1) $6x$

□ 次式

(2) $5x^2$

□ 次式

(3) $x+2y$

□ 次式

(4) $4x^2y-3y+2$

□ 次式

がんばるぞ！

 これも単項式？

$-3, 5, 0, a$ などの 1 つの数や 1 つの文字も単項式です。
$\dfrac{3}{2}$ は $\dfrac{3}{2}$ という数，$\dfrac{3x}{2}$ は $\dfrac{3}{2} \times x$ だから，$\dfrac{3}{2}$ や $\dfrac{3x}{2}$
も単項式です。
また，x^3 は 3 次式，a^4 は 4 次式になります。

どんなに数が大きくても項が1つなら単項式だよ

$1000000x$ ←単項式

2 文字が同じ項をまとめよう

同類項の計算

なぜ学ぶの？

1年生で文字の項どうし，数の項どうしをまとめることを学んだね。何種類かの文字の項がある多項式でも，同じ文字どうしをまとめて，長い式をスッキリさせることができるよ。

1 同類項とは？

これが大事!

文字式 $2x+3y-4x+y$ において，$2x$ と $-4x$，$+3y$ と $+y$ のように文字の部分がまったく同じ項を<u>同類項</u>という。

例 [1] $3x-5y+2x+y-8$ の同類項は

[ア] □□□□ と □□□□ , [イ] □□□□ と □□□□

[2] $a^2+3b^2-2a-3b+2a^2+b$ の同類項は

[ウ] □□□□ と □□□□ , [エ] □□□□ と □□□□

a は1次の項で，a^2 は2次の項だから，a と a^2 は同類項ではないよ。

2 同類項をまとめよう

これが大事!

$2x+3y-4x+y$ の同類項をまとめてみよう。

$$2x+3y-4x+y$$

同類項どうしがとなり合うように並べかえる。

$$=2x-4x+3y+y$$

係数（文字についている数）の計算をする。（分配法則）

$$=(2-4)x+(3+1)y$$

まとめる。

$$=-2x+4y$$

例 次の式の同類項をまとめましょう。

$$5x-3y+2x-4y$$

同類項どうしがとなり合うように並べかえる。

$$=\boxed{\text{[オ]}}$$

係数（文字についている数）の計算をする。（分配法則）

$$=(\boxed{\text{[カ]}})x+(\boxed{\text{[キ]}})y$$

まとめる。

$$=\boxed{\text{[ク]}}$$

答え [ア] $3x$，$+2x$　[イ] $-5y$，$+y$　[ウ] a^2，$+2a^2$
[エ] $-3b$，$+b$　[オ] $5x+2x-3y-4y$　[カ] $5+2$
[キ] $-3-4$　[ク] $7x-7y$

●同類項は，係数を計算してまとめる。

❶ 次の式の同類項を答えなさい。

(1) $7x - 4y - 3x + 5y$

(2) $a^2 - 2a + 8a - 6a^2$

(3) $2x^2 + 3 - 4x + 5 - x^2$

(4) $3xy + 2x - 3y - 5x + xy$

なんとかなるような
気がしてきた。
たぶん…。

❷ 次の式の同類項をまとめなさい。

(1) $a - b + 2a - 3b$

(2) $-6x + y - 6x - y$

(3) $8a^2 - 5b - 2a^2 + 4b$

(4) $3x^2 + 4x + 7x^2 - 9x$

これも！ プラス 同類項の見まちがいに注意！

同類項としてまとめられるのは，文字の部分がぴったり同じ項だけです。

まちがい例

× $\underset{\text{同類項}}{\underline{3x^2y}} + \underset{\substack{\text{同類項}\\\text{ではない}}}{\underline{2xy^2}} - \underset{\text{同類項}}{\underline{x^2y}} = 4x^2y$

同類項だけ
まとめよう

○ $3x^2y + 2xy^2 - x^2y = 2x^2y + 2xy^2$

式をよく見て計算しましょう。

3 多項式のたし算・ひき算

多項式の加法・減法

なぜ学ぶの?

多項式どうしのたし算, ひき算は, かっこのある数や文字式のたし算, ひき算と同じように計算すれば OK だよ。次の章で学ぶ連立方程式で使う計算だから, しっかりマスターしよう。

1 多項式をたしてみよう

 これが大事! (多項式)＋(多項式) は, 符号はそのままでかっこをはずす。

$$(x+4y)+(-2x+y)$$

$$= x \;+4y\; -2x\; +y$$

（ ）と（ ）の外の+をはぶく。

$$= x \;-2x\; +4y\; +y$$

同類項どうしがとなり合うように並べかえる。

$$= -x+5y$$

係数の計算をしてまとめる。

かっこをはずして同類項をまとめるんだね。

例
$$(x^2+3x)+(2x^2-7x)$$
$$=x^2+3x+2x^2-7x$$

（ ）と（ ）の外の+をはぶく。

同類項どうしがとなり合うように並べかえる。

$$= \boxed{\text{[ア]}}$$

$$= \boxed{\text{[イ]}}$$

係数の計算をしてまとめる。

2 多項式をひいてみよう

これが大事! (多項式)－(多項式) は, ひく式の各項の符号をかえて, 加法になおして計算する。

$$(5x+8y)-(2x-y)$$

$$=(5x+8y)+(-2x+y)$$

ひく式の各項の符号をかえて, 加法になおす。

$$=5x+8y-2x+y$$

（ ）と（ ）の外の+をはぶく。

$$=5x-2x+8y+y$$

同類項どうしがとなり合うように並べかえる。

$$=(5-2)x+(8+1)y$$

係数の計算をする。

$$=3x+9y$$

まとめる。

答え [ア] $x^2+2x^2+3x-7x$
[イ] $3x^2-4x$

ゼッタイ! これだけ ●ひき算でかっこをはずすときは, 後ろの項の符号も忘れずにかえる。

練習問題 →解答は別冊 p.2

❶ 次の計算をしなさい。

(1) $(x+2y)+(2x+3y)$

(2) $(4x^2-3x)+(-x^2+2x)$

(3) $(2a-b+3)+(-5a-6b-8)$

❷ 次の計算をしなさい。

(1) $(3a+4b)-(2a+b)$

(2) $(5x^2-3x)-(-x^2+4x)$

(3) $(-2x+8y-3)-(-6x-y+2)$

ここまで終わったら
おやつにしよっと。

どうしても解けない場合は
同類項の計算へGO！ p.10

これも！プラス 文字式の計算も筆算でしてみよう！

多項式どうしのたし算・ひき算は，筆算で計算することもできます。

$(5x+8y)+(2x-y)$

$$
\begin{array}{r}
5x+8y \\
+)\ 2x-\ y \\
\hline
7x+7y
\end{array}
$$

↑ ↑
同類項を縦にそろえて計算する。

$(5x+8y)-(2x-y)$

$$
\begin{array}{r}
5x+8y \\
-)\ 2x-\ y \\
\hline
\end{array}
$$
→
$$
\begin{array}{r}
5x+8y \\
+)\ -2x+\ y \\
\hline
3x+9y
\end{array}
$$

↑
ひく式の各項の符号をかえて，たし算にする。

ひき算は
たし算にかえよう

4 数と多項式のかけ算・わり算

数と多項式の乗法・除法

なぜ学ぶの？

数と多項式のかけ算・わり算も，1年生で学習した文字式と数のかけ算，わり算のしかたと同じだよ。ここでの計算も，次の章で学ぶ連立方程式で使うよ。分配法則を利用して文字式のきまりにしたがって計算しよう。

1 数×(多項式)

これが大事！ 分配法則を使って，数を（　　）の中のすべての項にかける。

(1) $3(2x+3y)=3×2x+3×3y$
　　　　　　$=6x+9y$ ←数と文字の係数をかける。

(2) $(5a-3b)×(-2)=5a×(-2)+(-3b)×(-2)$
　　　　　　　　　$=-10a+6b$

分配法則を使って数の計算と同じように計算できるね。

例 $-2(4x+5y)=-2×\boxed{}^{[ア]}+(-2)×\boxed{}^{[イ]}$

　　　　　$=\boxed{}^{[ウ]}$

2 (多項式)÷数

これが大事！ わり算は，分数の形にするか，逆数をかけるかけ算になおして計算する。

$$(8x+12y)÷4=\frac{8x}{4}+\frac{12y}{4}$$
$$=2x+3y$$

または，$(8x+12y)×\frac{1}{4}=8x×\frac{1}{4}+12y×\frac{1}{4}$ として，計算する。

例 $(-7a-2b)÷5=-\boxed{}^{[エ]}-\boxed{}^{[オ]}$

答え [ア] $4x$　[イ] $5y$
　　 [ウ] $-8x-10y$
　　 [エ] $\dfrac{7}{5}a$　[オ] $\dfrac{2}{5}b$

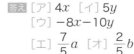 

ゼッタイ！これだけ ●分配法則を使って，かっこの中のすべての項とかけ算・わり算をする。

❶ 次の計算をしなさい。

(1) $4(2a+b)$

(2) $5(2x-y)$

(3) $-2(5x+6y)$

(4) $0.4(-3x-5y)$

(5) $(-9x+6y) \div 3$

(6) $(4a-b) \div 6$

(7) $(2x-8y) \div (-4)$

(8) $(3x+7y) \div \dfrac{1}{3}$

ガンバレ！自分！

これも！プラス 分配法則は公平に

分配法則を使ってかっこをはずすときは，かっこの
中の項がいくつあっても，すべての項にかけます。

例　$5(2a+3b+4c+5)$
　　$=5 \times 2a+5 \times 3b+5 \times 4c+5 \times 5$
　　$=10a+15b+20c+25$

項が多いときは，計算もれの項がないように注意し
ましょう。

仲間はずれが
出ないようにね

$5 (A + B + C + D)$

5 かっこや分数をふくむ式のたし算・ひき算

多項式のいろいろな計算

なぜ学ぶの？

4 で学んだ「数と多項式のかけ算・わり算」を使えば，かっこが多い式や分数をふくむ式などの複雑な式を，整理して簡単に表すことができるよ。

1 数×多項式を2回行う計算

これが大事! 分配法則を2回使う。

$$2(2a+b)+3(a-2b)$$
$$=4a+2b+3a-6b$$
$$=7a-4b$$

分配法則を使ってそれぞれのかっこをはずす。
同類項をまとめる。

例 $3(a-2b)-4(2a-b)$

$$=\boxed{[ア]}$$
$$=\boxed{[イ]}$$

分配法則を使ってそれぞれのかっこをはずす。
同類項をまとめる。

かっこをはずしたり通分したりしたら，同類項をまとめよう。分数は約分できないか確かめよう。

2 分数型の多項式の計算

これが大事! まず通分して，分子を計算する。

$$\frac{x+y}{2}-\frac{x-2y}{3}$$
$$=\frac{3(x+y)-2(x-2y)}{6}$$
$$=\frac{3x+3y-2x+4y}{6}$$
$$=\frac{x+7y}{6}$$

通分する（分母を6にそろえる）。
⇨ $\frac{x+y}{2}$ は分母・分子を3倍する。
$\frac{x-2y}{3}$ は分母・分子を2倍する。
分配法則で分子のかっこをはずす。
同類項をまとめる。

 **これだけ** ●分数の多項式は，通分してから分子を計算する。

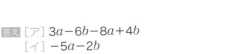 **答え** [ア] $3a-6b-8a+4b$
[イ] $-5a-2b$

練習問題 →解答は別冊 p.3

❶ 次の計算をしなさい。

(1) $5(a-2b)+3(2a+b)$

(2) $4(x+2y)-(-x+y)$

(3) $\dfrac{a+3b}{2}+\dfrac{a-b}{4}$

(4) $\dfrac{5x-y}{6}-\dfrac{4x+3y}{9}$

いや〜うっかり★

どうしても解けない場合は
数と多項式の乗法・除法へGO! p.14

これも！プラス かける数が分数のとき

$\dfrac{1}{2}(x+3y)+\dfrac{1}{3}(2x-4y)$ のような式は，かける分数を先に
通分して計算することができます。

例 $\dfrac{1}{2}(x+3y)+\dfrac{1}{3}(2x-4y)=\dfrac{3}{6}(x+3y)+\dfrac{2}{6}(2x-4y)$

$\qquad\qquad\qquad\qquad\qquad\qquad =\dfrac{3(x+3y)}{6}+\dfrac{2(2x-4y)}{6}$

$\dfrac{1}{2}(x+3y)+\dfrac{1}{3}(2x-4y)=\dfrac{x+3y}{2}+\dfrac{2x-4y}{3}$ として通
分しても同じ式になります。

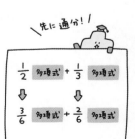

先に通分！

$\dfrac{1}{2}$ 多項式	$+$	$\dfrac{1}{3}$ 多項式
⬇		⬇
$\dfrac{3}{6}$ 多項式	$+$	$\dfrac{2}{6}$ 多項式

6 単項式どうしのかけ算やわり算

単項式の乗除

なぜ学ぶの？

単項式どうしのかけ算・わり算は，数どうし，文字どうしを計算すればいいんだよ。わり算は数のわり算と同じように，分数で表したり，かけ算になおしたりして計算しよう。分数にしたら，文字も数のように約分できるよ。

1 単項式どうしのかけ算・わり算

これが大事! 単項式どうしのかけ算は，数どうし，文字どうしを計算する。

(1) $4x \times (-3xy)$

$= 4 \times x \times (-3) \times x \times y$ ⟩ はぶかれている×を書く。

$= 4 \times (-3) \times x \times x \times y$ ⟩ 乗法では，かける順番は自由にかえられる。数を先に，文字をあと（アルファベット順）に書く。

$= -12x^2y$ ⟩ 文字式の表し方のきまりにしたがって書く。

これが大事! 単項式どうしのわり算は，分数またはかけ算になおして計算する。

(2) $8ab \div (-2a)$

$= -\dfrac{8ab}{2a}$ ⟩ 除法を分数で表す。符号に注意！

$= -\dfrac{8 \times a \times b}{2 \times a}$ ⟩ 文字も約分ができる。

$= -4b$ ⟩ 見まちがいのないように注意！

> 答えは，文字の表し方のきまりにしたがって書くよ。

これが大事! 3つの式のかけ算・わり算は，わる式を分母とする分数になおして計算する。

(3) $4ab \times 3a \div 2b$

$= \dfrac{4ab \times 3a}{2b}$ ⟩ わる単項式を分母にして全体を分数の形にまとめる。

$= 6a^2$ ⟩ 約分をして，数は数，文字は文字どうし計算する。文字式の表し方のきまりにしたがって表す。

例 $6ab \times 2a \div 4a$

$= \dfrac{\boxed{[ア]}}{\boxed{[イ]}}$

$= \boxed{[ウ]}$

ゼッタイ! これだけ

● 単項式の乗法…係数の積に文字の積をかける。
● 単項式の除法…わる式を分母とする分数にして，文字どうし，数どうしを約分する。

答え [ア] $6ab \times 2a$ [イ] $4a$ [ウ] $3ab$

式の計算
連立方程式
1次関数
平行と合同
三角形・四角形
確率と箱ひげ図

練習問題 →解答は別冊 p.4

1 次の計算をしなさい。

(1) $(-5x) \times 2y$

(2) $3a \times (-4ab)$

(3) $10ab \div 5b$

(4) $(-14x^2) \div (-7xy)$

(5) $5ab \times 4a \div 10b$

(6) $(-4xy) \div 6x \times 3y$

(7) $18x^3 \div (-3x)^2 \times (-2x)$

そうそう、
ここがわからないんだよねー。

どうしても解けない場合は
数と単項式の乗法・除法へGO！　p.14

これも！プラス　指数が混じった計算は？

指数が混じった計算も，はぶかれている×を表すと考えやすいです。
$x \times x^2$ は $x \times (x \times x)$ だから x^3 になります。同じように，
$x^2 \times x^3$ は $(x \times x) \times (x \times x \times x) = x^5$ となります。
わり算も，累乗をかけ算になおしてから約分するとまち
がえにくいです。

いったんバラしてから
まとめよう

約分する
↓

例  $x^4 \div x^2 = \dfrac{x \times x \times \overset{1}{\cancel{x}} \times \overset{1}{\cancel{x}}}{\underset{1}{\cancel{x}} \times \underset{1}{\cancel{x}}} = x^2$

7 2種類の文字に代入しよう

式の値

なぜ学ぶの?

1年生では1つの文字に数を代入したけれど、ここでは、2つの文字に数を代入するよ。次の章で学ぶ連立方程式でよく出てくるので、今のうちにできるようにしておこう。値を代入する文字をまちがえなければ大丈夫。あとは数の計算をするだけだよ。

1 文字に数を代入して式の値を求めよう

これが大事! $x=1$, $y=-2$ のとき、次の式の値を求めてみよう。

(1) $3x+4y$
$=3\times1+4\times(-2)$ … $x=1$, $y=-2$を代入する。
$=3-8$ … 乗法部分を計算する。
$=-5$ … 項をまとめる。

値を代入する文字を逆にしないようにしよう。

(2) $2(2x-y)+3(-x+2y)$
$=4x-2y-3x+6y$ … 分配法則でかっこをはずす。
$=x+4y$ … 同類項をまとめる。
$=1+4\times(-2)$ … $x=1$, $y=-2$を代入する。
$=1-8$ … 乗法部分を計算する。
$=-7$ … 項をまとめる。

例 $x=2$, $y=-3$ のとき、次の式の値を求めましょう。

$2(3x-y)-4(x-y)$

$=$ [ア] ← 分配法則でかっこをはずす。

$=$ [イ] ← 同類項をまとめる。

$=$ [ウ] ← $x=2$, $y=-3$ を代入する。

$=$ [エ] ← 乗法部分を計算する。

$=$ [オ]

答え [ア] $6x-2y-4x+4y$
[イ] $2x+2y$ [ウ] $2\times2+2\times(-3)$
[エ] $4-6$ [オ] -2

ゼッタイこれだけ ● 式の値を求めるときは、式を整理してから代入する。

練習問題 →解答は別冊 p.4

❶ $x=-2$, $y=5$ のとき，次の式の値を求めなさい。

(1) $x+2y$

(2) $7x-2(x-3y)$

(3) $6(x+y)-3(2x-y)$

(4) $18x^2y\div3x$

ひと休みしよう。

 これも！ プラス ## 簡単な方法を考えよう

式の値を求めるときは，数をそのまま代入すると計算が大変なので，式を整理してから代入します。

$a=-\dfrac{1}{3}$, $b=\dfrac{3}{5}$ のとき，$5a-b-2(a-3b)$ の値を求めてみましょう。

値を直接代入すると，各項が分数になって，
計算が大変になります。先に式を簡単にすると，

$$5a-b-2(a-3b)=5a-b-2a+6b$$
$$=3a+5b$$

この式に a, b の値を代入すると，$-1+3$ となり，
計算が簡単です。

$$5\times\left(-\dfrac{1}{3}\right)-\dfrac{3}{5}-2\left(-\dfrac{1}{3}-3\times\dfrac{3}{5}\right)=?$$
OR
$$3\times\left(-\dfrac{1}{3}\right)+5\times\dfrac{3}{5}=?$$

どっちが簡単?

8 文字式で説明しよう
式の利用

なぜ学ぶの?

文字式を使うと,「連続する3つの偶数の和は6の倍数になる」など, 数に関するいろいろなことが説明できるよ。

1 整数の性質を説明してみよう

これが大事! 連続する3つの整数の和は3の倍数であることを, 文字式を使って説明しよう。

連続する3つの整数とは, たとえば, 3, 4, 5のような整数。
最も小さい整数をnとすると, 3つの整数は,
n, $n+1$, $n+2$と表されるので, これらの和は,

$$n+(n+1)+(n+2)$$
$$=n+n+1+n+2$$
$$=3n+3$$
$$=3(n+1)$$

（ ）をはずす。
同類項や数をまとめる。
分配法則を使ってまとめる。

> 文字式で説明するときは, 何を文字で表すかを自分で決められるんだね。

$n+1$は整数なので, $3(n+1)$は3の倍数である。
よって, 連続する3つの整数の和は3の倍数である。

例 上の問題を, まん中の整数をnとして説明しましょう。

3つの整数のうち, まん中の整数をnとすると,

3つの整数は, [ア]　　　　, n, [イ]　　　　

と表されるので, これらの和は,

[ウ]　　　　　　　　　　（ ）をはずす。

$=n-1+n+n+1$ 　同類項や数をまとめる。

$=$ [エ]　　　　

nは整数なので, 3つの整数の和は3の倍数である。

答え [ア] $n-1$　[イ] $n+1$
（[ア]と[イ]は逆でもよい）
[ウ] $(n-1)+n+(n+1)$
[エ] $3n$

ゼッタイ! これだけ ●式を利用した説明では, 何を文字で表したのかを明記する。

練習問題 →解答は別冊 p.4

❶ ある2けたの自然数と，その十の位の数と一の位の数を入れかえてできる自然数との和は11の倍数になることを，文字式を使って説明しなさい。

解き方

「ある2けたの自然数」の十の位の数を x，一の位の数を y とすると…。

明日，全然勉強してないっていうんだ！

これも！プラス **連続する3つの偶数の和は6の倍数になる**

連続する3つの偶数のうち，いちばん小さい偶数を $2n$ とすると，
3つの偶数は，
$2n$, $2n+2$, $2n+4$ と表されるので，これらの和は，

$$2n+(2n+2)+(2n+4)$$
$$=2n+2n+2+2n+4$$
$$=6n+6$$
$$=6(n+1)$$

$n+1$ は整数なので，$6(n+1)$ は6の倍数です。よって，連続する3つの偶数の和は6の倍数になります。

$2+4+6=$ 12
$6+8+10=$ 24

実際に6の倍数になっているね！

式の計算
連立方程式
1次関数
平行と合同
三角形・四角形
確率と箱ひげ図

等式の形を変えてみよう

等式の変形

 等式は，等式の性質を使ったり，移項したりすることによって，いろいろな
形に変形できるよ。x と y をふくむ等式を $x=\cdots$ の形に変形できれば，y の
値がわかっているときの x の値が求められるね。

1 等式を変形するってどうするの？

これが大事！ 等式を $x=\cdots$ の形に変形することを，**x について解く**という。

(1) 等式 $2x+3y=12$ を x について解いてみよう。

$$2x+3y=12$$
$$2x=12-3y$$ ＋3yを右辺に移項する。
$$x=\frac{12-3y}{2}$$ 両辺を2でわる。

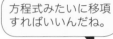

方程式みたいに移項
すればいいんだね。

例 次の等式を x について解きましょう。

$$4x-5y=7$$
$$4x=\boxed{}^{[ア]}$$ −5yを右辺に移項する。
$$x=\boxed{}^{[イ]}$$ 両辺を4でわる。

(2) 等式 $2x+3y=12$ を y について解いてみよう。

$$2x+3y=12$$
$$3y=12-2x$$ 2xを右辺に移項する。
$$y=\frac{12-2x}{3}$$ 両辺を3でわる。

例 次の等式を y について解きましょう。

$$4x-5y=7$$
$$-5y=\boxed{}^{[ウ]}$$ 4xを右辺に移項する。
$$y=\boxed{}^{[エ]}$$ 両辺を−5でわる。

●等式を x について解くとは，
左辺を x だけの式に変形す
ること。
（$x=\cdots$ の形にすること。）

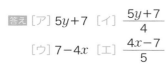

答え [ア] $5y+7$ [イ] $\dfrac{5y+7}{4}$

[ウ] $7-4x$ [エ] $\dfrac{4x-7}{5}$

練習問題

→解答は別冊 p.5

① 次の等式を [ ] の中の文字について解きなさい。

(1) $x + 4y = 20$ 　　$[x]$

(2) $y = 2ab$ 　　$[a]$

(3) $6x + 5y = 34$ 　　$[y]$

(4) $x = \dfrac{a + 2b}{2}$ 　　$[b]$

いいね！

これも！プラス **面積や体積などの公式の変形**

公式を，高さ h を求める式に変形してみましょう。
(S：面積　V：体積　a, b：底辺　r：半径）

三角形の面積：$S = \dfrac{1}{2}ah$ から… 　$h = \dfrac{2S}{a}$

台形の面積 　：$S = \dfrac{1}{2}(a+b)h$ から… 　$h = \dfrac{2S}{a+b}$

円柱の体積 　：$V = \pi r^2 h$ から… 　$h = \dfrac{V}{\pi r^2}$

円錐の体積 　：$V = \dfrac{1}{3}\pi r^2 h$ から… 　$h = \dfrac{3V}{\pi r^2}$

面積や体積から高さや
辺の長さを求められるね

$h =$

式の計算

連立方程式

1次関数

平行と合同

三角形・四角形

確率と箱ひげ図

おさらい問題

① 次の多項式は何次式ですか。

(1) $3x^2y - 4xy$

(2) $5x + 2xy + y^2$

② 次の計算をしなさい。

(1) $(4x + 2y) + (-3x + 8y)$

(2) $(2a - 5b) - (-3a + b)$

(3) $5(2x + 8y)$

(4) $-4(3x - 6y)$

(5) $(a + 10b) \div 2$

(6) $(4x - 7y) \div \left(-\dfrac{2}{3}\right)$

(7) $3(4x - 2y) + 5(-x + 2y)$

(8) $-2(6a^2 - b) - (-a + 3b)$

❸ 次の計算をしなさい。

(1) $4ab \times 3ab^2$

(2) $8x^3y^2 \div 5x$

(3) $4xy^2 \times 3x \div 6y$

(4) $(6x)^2 \div 4x \times 3x$

❹ $x=2$, $y=-3$ のとき，次の式の値を求めなさい。

(1) $2(4x-3y)$

(2) $5x-2y-3(2y-4x)$

❺ 百，十，一の位の数がそれぞれ a, b, c である３けたの自然数について，$a+b+c$ が９の倍数であるとき，この自然数は９の倍数であることを，文字式を用いて説明しなさい。

❻ 等式 $y=2x+8$ を x について解きなさい。

式の計算

連立方程式

１次関数

平行と合同

三角形・四角形

確率と箱ひげ図

10 連立方程式って何？

連立方程式と解

なぜ学ぶの？

1年生では，文字が1種類の方程式を学んだね。2年生では，わからない数が2つあるときの方程式を考えるよ。2種類の文字を使って，式を2つ作ると，わからなかった2つの数を求めることができるんだ。

1 2元1次方程式

$x+y=5$ のように2種類の文字をふくむ1次方程式を **2元1次方程式** という。

2元1次方程式を成り立たせる文字の値の組を，その方程式の解という。

2元1次方程式 $x+y=5$ を成り立たせる x, y の値の組は，

x	0	1	2	3	4	5	...
y	5	4	3	2	1	0	...

2元1次方程式は，解がいっぱいあるね。

のように，無数にあり，いずれもこの方程式の解である。

2 連立方程式とは？

 これが大事！

2つ以上の方程式を一組にしたものを **連立方程式** といい，右のような形で表す。

$$\begin{cases} x+y=5 \\ x-y=3 \end{cases}$$

この2つの方程式を同時に成り立たせる x, y の値の組を **連立方程式の解** といい，解を求めることを **連立方程式を解く** という。

原則として連立方程式の解は1つである。

例 方程式 $x-y=3$ の解は，下の表のようになる。

x	0	1	2	3	4	5	...
y	−3	−2	−1	0	1	2	...

連立方程式 $\begin{cases} x+y=5 \\ x-y=3 \end{cases}$ の解は，両方の式を成り立たせる x, y の値を 1 の表と 2 の表で見つけると，$x=\boxed{}^{[ア]}$, $y=\boxed{}^{[イ]}$ であり，これが，この連立方程式の解である。

 ゼッタイ！これだけ ●連立方程式の解は，2つの方程式を同時に成り立たせる x, y の値の組。

式と計算

連立方程式

1次関数

平行と合同

三角形・四角形

確率と箱ひげ図

練習問題 →解答は別冊 p.6

① 連立方程式 $\begin{cases} x+y=6 & \cdots① \\ 2x-y=9 & \cdots② \end{cases}$ について，次の問いに答えなさい。

(1) ①の2元1次方程式 $x+y=6$ の解であるものを次の㋐〜㋓の中から
すべて選びなさい。

　㋐ $x=1, y=-7$　㋑ $x=3, y=3$　㋒ $x=5, y=1$　㋓ $x=7, y=-1$

(2) ②の2元1次方程式 $2x-y=9$ の解であるものを次の㋐〜㋓の中か
らすべて選びなさい。

　㋐ $x=1, y=-7$　㋑ $x=3, y=3$　㋒ $x=5, y=1$　㋓ $x=6, y=3$

(3) この連立方程式の解を求めなさい。

　$x=$ 　 , $y=$

できた〜！

これも！
プラス

文字が2つ以上ある連立方程式

1年生で習った，文字が1種類の1次方程式（1元1次方程式）は，
1つの式で解が1つに決まりました。
2元1次方程式では，式が1つだけだと解が無
数になり，1つに決まりません。
2元1次方程式の場合，原則として2つの式で
解が1つに決まります。
同じように，文字が3種類ある場合は，原則と
して3つの式で解が1つに決まります。

x … 方程式1つで解く
x,y … 方程式2つで解く
x,y,z … 方程式3つで解く

わからない文字の
数だけ式が必要
だよ！

11 2つの式をたしたりひいたりして解こう

連立方程式の解き方（加減法①）

なぜ学ぶの？

x, y の値の組を1つずつ確かめて解を見つけるのは大変だね。式をたしたりひいたりして，1つの文字をなくしてしまえば，1年生で学習した方程式と同じように解けるよ。

1 加減法で文字を1つだけにしよう

これが大事！

$$\begin{cases} 3x+y=7 & \cdots① \\ x-y=1 & \cdots② \end{cases}$$

式に番号をつけるとあとの説明がしやすい。

①＋②より

$$\begin{array}{r} 3x+y=7 \\ +)\ \underline{x-y=1} \\ 4x=8 \\ x=2 \end{array}$$

← 2つの2元1次方程式をたすことで y を
ふくまない方程式をつくる（y を消去する）。

このように，2つの2元1次方程式をたしたりひいたりして連立方程式を解く方法を**加減法**という。

$x=2$ を①に代入すると，← $x=2$ を②に代入してもよい。

$$3×2+y=7$$
$$6+y=7$$
6を移項する。
$$y=7-6$$
$$y=1$$

係数の絶対値が同じ文字を消去して，文字を1つだけにして解くんだね。

（答え）$x=2$, $y=1$

例 連立方程式 $\begin{cases} 4x+y=16 & \cdots① \\ 2x+y=10 & \cdots② \end{cases}$ を解きましょう。

$$\begin{array}{r} 4x+y=16 \\ -)\ \underline{2x+y=10} \end{array}$$

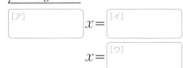
$x=$ [イ]

$x=$ [ウ]

この x の値を②に代入すると，

[エ] $=10$

$$6+y=10$$
$$y=10-[オ]$$
$$y=[カ]$$

よって，$x=$ [キ] ，$y=$ [ク]

ゼッタイ！これだけ

消去する文字の係数の
● 絶対値が同じで，符号が反対 → 式をたす。
● 絶対値が同じで，符号が同じ → 式をひく。

答え [ア] 2 [イ] 6 [ウ] 3
[エ] 2×3+y [オ] 6 [カ] 4
[キ] 3 [ク] 4

練習問題 →解答は別冊 p.6

① 次の連立方程式を加減法で解きなさい。

(1) $\begin{cases} 5x+y=3 \\ 2x-y=4 \end{cases}$

$x=\underline{\hspace{2cm}}, \ y=\underline{\hspace{2cm}}$

(2) $\begin{cases} x+6y=9 \\ x+2y=5 \end{cases}$

$x=\underline{\hspace{2cm}}, \ y=\underline{\hspace{2cm}}$

(3) $\begin{cases} 3x+2y=-12 \\ x-2y=4 \end{cases}$

$x=\underline{\hspace{2cm}}, \ y=\underline{\hspace{2cm}}$

またまたひと休み
しよっと。

どうしても解けない場合は
多項式の加法・減法へGO! **p.12**

これも！
プラス **連立方程式の解の表し方**

連立方程式の解の表し方には，

$x=\bigcirc, \ y=\triangle$　　$(x,\ y)=(\bigcirc,\ \triangle)$　$\begin{cases} x=\bigcirc \\ y=\triangle \end{cases}$

のような表し方があります。
どの表し方でもよいですが，組になっていることが
はっきりわかるようにします。

12 式を何倍かして解いてみよう
連立方程式の解き方（加減法②）

なぜ学ぶの?

連立方程式の2つの式で文字の係数が異なる場合は，どちらかの式を何倍かしたり，両方の式をそれぞれ何倍かしたりして，x または y の係数をそろえれば，11 で学んだ方法で解けるね。

1 片方の式を何倍かして文字を消去しよう

これが大事! 連立方程式 $\begin{cases} x+2y=7 & \cdots① \\ 4x-\ \ y=10 & \cdots② \end{cases}$ を解いてみよう。

①＋②×2 より　　←①と②の式をそのままたしたりひいたりしても，x や y が消去されないので，②を2倍してから①とたし，y を消去する。

$$\begin{array}{r} x+2y=7 \\ +)\ 8x-2y=20 \\ \hline 9x\qquad =27 \\ x\qquad =3 \end{array}$$

$x=3$ を①に代入すると，

$$\begin{aligned} 3+2y&=7 \\ 2y&=7-3 \quad\text{3を移項する。}\\ 2y&=4 \\ y&=2 \quad\text{両辺を2でわる。} \end{aligned}$$

x か y のどちらかの係数の絶対値をそろえるんだね。

（答え）$x=3,\ y=2$

2 両方の式をそれぞれ何倍かして文字を消去しよう

これが大事! 連立方程式 $\begin{cases} 2x+3y=8 & \cdots① \\ 3x-2y=-1 & \cdots② \end{cases}$ を解いてみよう。

①×3－②×2 より，　← x の係数を2と3の最小公倍数6にそろえる。

$$\begin{array}{r} 6x+9y=24 \\ -)\ 6x-4y=-2 \\ \hline 13y=26 \\ y=2 \end{array}$$

$y=2$ を②に代入すると，

$$\begin{aligned} 3x-2\times2&=-1 \\ 3x&=-1+4 \\ 3x&=3 \\ x&=1 \end{aligned}$$

よって，$x=1,\ y=2$

係数は最小公倍数にそろえるんだね。

ゼッタイ! これだけ ●消去する文字を決めて，その文字の係数の絶対値をそろえるように，式を何倍かする。

乗の計算

連立方程式

1次関数

平行と合同

三角形・四角形

確率と箱ひげ図

練習問題 →解答は別冊 p.7

❶ 次の連立方程式を解きなさい。

(1) $\begin{cases} 2x - y = -7 \\ 3x + 4y = 6 \end{cases}$

$x=$ _____ , $y=$ _____

(2) $\begin{cases} 2x + 3y = 18 \\ 3x + 2y = 2 \end{cases}$

$x=$ _____ , $y=$ _____

(3) $\begin{cases} 3x + 4y = -7 \\ 5x + 3y = 3 \end{cases}$

$x=$ _____ , $y=$ _____

今日は
がんばった！

どうしても解けない場合は
連立方程式の解き方（加減法①）へGO! p.30

これも！プラス 計算はシンプルに！

連立方程式の係数の絶対値をそろえるとき，どちらの文字の係数をそろえてもよいですが，できるだけ計算を簡単にするためには，最小公倍数が小さいほうの文字の係数をそろえます。

$\begin{cases} 2x + 7y = 15 \\ 3x - 8y = 4 \end{cases}$

上の問題では，2 と 3 の最小公倍数は 6 で，7 と 8 の最小公倍数は 56 なので，x の係数をそろえます。y の係数をそろえると，右のように数が大きくなり，y の値を求めるときも計算が大変です。

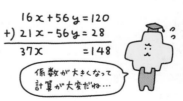

$16x + 56y = 120$
$+)\ 21x - 56y = 28$
$\overline{\ 37x=148}$

係数が大きくなって
計算が大変だね…

33

13 代入を利用して連立方程式を解こう

連立方程式の解き方（代入法）

なぜ学ぶの？

一方の式が $x=(y$ の式$)$，または $y=(x$ の式$)$ のような場合は，加減法より便利な解き方があるよ。$x=(y$ の式$)$ の式をもう一方の式の x に代入すると，文字が y だけの式になって，解くことができるんだ。

1 代入法はどうすればいいの？

これが大事！ 一方の式が $y=(x$ の式$)$ になっている場合は，$(x$ の式$)$ をもう一方の式の y に代入して，x だけの式にして解く。

連立方程式 $\begin{cases} 2x+y=15 & \cdots① \\ y=x-3 & \cdots② \end{cases}$ を解いてみよう。

②を①に代入すると $\leftarrow$ ①の式の y に $x-3$ を入れることで y を消去する。
$2x+(x-3)=15$
$2x+x-3=15$ このように，代入によって連立方程式を解く方法を**代入法**という。
$2x+x=15+3$
$3x=18$
$x=6$ $\qquad y=6-3=3$
$x=6$ を②に代入すると， $\qquad$ よって，$x=6,\ y=3$

数を代入するみたいに文字を式におきかえるんだね。

例 連立方程式 $\begin{cases} 3x+2y=9 & \cdots① \\ x=4-y & \cdots② \end{cases}$ を解きましょう。

②を①に代入すると，

$3\left(\boxed{}^{[ア]}\right)+2y=9$

$\boxed{}^{[イ]}+2y=9$

$\boxed{}^{[ウ]}=9-12$

$-y=-3$

$y=\boxed{}^{[エ]}$

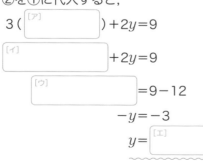

この y の値を②に代入すると，

$x=4-\boxed{}^{[オ]}=\boxed{}^{[カ]}$

よって，

$x=\boxed{}^{[カ]},\ y=\boxed{}^{[エ]}$

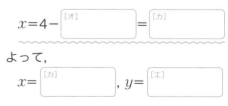

ゼッタイ！これだけ ●文字に多項式を代入するときは，かっこをつけて代入する。

答え [ア] $4-y$ [イ] $12-3y$
[ウ] $-3y+2y$ [エ] 3 [オ] 3 [カ] 1

練習問題 →解答は別冊 p.7

❶ 次の連立方程式を代入法で解きなさい。

(1) $\begin{cases} x+2y=12 \\ y=1+2x \end{cases}$

$x=\underline{\hspace{2cm}}, y=\underline{\hspace{3cm}}$

(2) $\begin{cases} x=6-2y \\ 3x+4y=20 \end{cases}$

$x=\underline{\hspace{2cm}}, y=\underline{\hspace{3cm}}$

(3) $\begin{cases} y=7x+3 \\ y=x-9 \end{cases}$

$x=\underline{\hspace{2cm}}, y=\underline{\hspace{3cm}}$

これでわかったも
同然だ！

これも！プラス 加減法と代入法，どちらで解けばよい？

きまりはないので，どちらを使っても OK です。どちらも同じで，「文字を 1 つ消して，1 つの文字の方程式について解く」ということをしています。

2 つの式に同じ係数の文字があれば加減法，どちらかの式が $x=\sim$（$y=\sim$）であれば代入法が便利です。両方できるようにしておきましょう。

$\begin{cases} 3x+2y=7 \\ 5x-2y=1 \end{cases}$　　$\begin{cases} 3x+2y=7 \\ y=-3x+5 \end{cases}$

係数の絶対値が同じ　　　$y=$ の形

↓　　　　　　　　↓

加減法　　　　　代入法

式をよく見て決めよう

14 かっこや分数や小数をふくむ連立方程式

いろいろな連立方程式の解き方

なぜ学ぶの? 複雑な連立方程式は，そのままだと解きにくいね。これまでに学んだ解き方が使えるように，かっこをはずして式を整理したり，分数や小数を整数になおしたりしよう。

1 かっこがある場合…分配法則でかっこをはずしてから解く！

これが大事!

$$\begin{cases} 2x+y=5 & \cdots① \\ 3x+2(y-1)=6 & \cdots② \end{cases}$$

②のかっこをはずすと，
$3x+2y-2=6$
$3x+2y=6+2$
$3x+2y=8$

$$\begin{cases} 2x+y=5 & \cdots① \\ 3x+2y=8 & \cdots②' \end{cases}$$

それぞれかっこや分数，小数をなくした式を解いてみよう。

例

$$\begin{cases} x+y=-5 & \cdots① \\ x-2(x-y)=-4 & \cdots② \end{cases}$$

②のかっこをはずすと，

$x-2x+$ [ア] $\boxed{}$ $=-4$

[イ] $\boxed{}$ $=-4$

$$\begin{cases} x+y=-5 & \cdots① \\ \text{[イ]}\boxed{}=-4 & \cdots②' \end{cases}$$

2 分数がある場合…整数になおしてから解く！

これが大事!

$$\begin{cases} x+2y=10 & \cdots① \\ \dfrac{1}{2}x+\dfrac{1}{3}y=3 & \cdots② \end{cases}$$

②の両辺に6（分母2と3の最小公倍数）をかけると，
$6\times\dfrac{1}{2}x+6\times\dfrac{1}{3}y=6\times3$
$3x+2y=18$

$$\begin{cases} x+2y=10 & \cdots① \\ 3x+2y=18 & \cdots②' \end{cases}$$

3 小数がある場合…整数になおしてから解く！

これが大事!

$$\begin{cases} 0.3x+0.2y=1.3 & \cdots① \\ x-2y=-1 & \cdots② \end{cases}$$

①×10

$$\begin{cases} 3x+2y=13 & \cdots①' \\ x-2y=-1 & \cdots② \end{cases}$$

ゼッタイ! これだけ ●分数や小数をふくむ連立方程式は，係数が整数になるように変形して解く。

答え [ア] $2y$ [イ] $-x+2y$

文字の計算
連立方程式
1次関数
平行と合同
三角形・四角形
確率と箱ひげ図

練習問題 →解答は別冊 p.8

❶ 次の連立方程式を解きなさい。

(1) $\begin{cases} x+5y=-9 \\ 3(x-y)-2y=13 \end{cases}$

$x=\underline{\hspace{2cm}},\ y=\underline{\hspace{2cm}}$

(2) $\begin{cases} \dfrac{2}{3}x-\dfrac{1}{4}y=-3 \\ x+3y=9 \end{cases}$

$x=\underline{\hspace{2cm}},\ y=\underline{\hspace{2cm}}$

(3) $\begin{cases} x+4y=14 \\ -0.1x+0.3y=0.7 \end{cases}$

$x=\underline{\hspace{2cm}},\ y=\underline{\hspace{2cm}}$

勉強して，エラい！

どうしても解けない場合は
多項式のいろいろな計算へGO! p.16

これも！プラス A＝B＝Cの形の式も連立方程式

A＝B＝C の形をした式も，

$\begin{cases} A=B \\ A=C \end{cases}$ または，$\begin{cases} A=B \\ B=C \end{cases}$ または，$\begin{cases} A=C \\ B=C \end{cases}$

のように組み合わせて解く連立方程式です。
どの組み合わせで解いても，解は同じになります。
たとえば，方程式 $x+y=3x-y=4$ の解を求める場合には，右の3つの連立方程式のどれかを解けば OK です。

$\begin{cases} x+y=3x-y \\ x+y=4 \end{cases}$

$\begin{cases} x+y=3x-y \\ 3x-y=4 \end{cases}$

$\begin{cases} x+y=4 \\ 3x-y=4 \end{cases}$

どの組み合わせでもOK！

37

15 個数と代金の問題を解いてみよう
連立方程式の文章題①

なぜ学ぶの？

個数と代金の問題はテストでよく出題されるよ。2つの等しい数量関係を見つけたら，わからないものを x と y として等式を2つつくろう。それを連立方程式として解けば，答えが求められるよ。

1 個数と代金の問題

これが大事！

50円の付せんと80円の付せんを合わせて10個買ったところ，代金は680円になった。50円の付せんと80円の付せんの個数をそれぞれ求めてみよう。

50円の付せんを x 個，80円の付せんを y 個買ったとすると，

$$\begin{cases} x+y=10 & ←個数の式 \cdots① \\ 50x+80y=680 & \cdots② \end{cases}$$

←代金の式

①×80－②より，

$$\begin{array}{r} 80x+80y=800 \\ -)\underline{50x+80y=680} \\ 30x=120 \\ x=4 \end{array}$$

$x=4$ を①に代入すると，

$$4+y=10$$
$$y=10-4$$
$$y=6$$

 何が x ？何が y ？はっきりさせよう！

答え $\begin{cases} 50円の付せん \quad 4個 \\ 80円の付せん \quad 6個 \end{cases}$

この解は問題に合っている。← 答えが問題に合っているか確かめる。

例 1個120円のカレーパンと1個80円のあんパンを合わせて8個買ったところ，代金は760円になりました。それぞれのパンの個数を求めましょう。カレーパンの個数を x 個，あんパンの個数を y 個とすると，次の連立方程式を立てることができます。

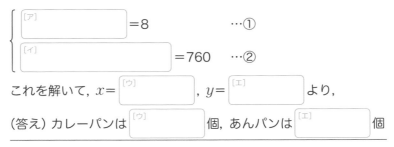

$$\begin{cases} \boxed{} =8 & \cdots① \\ \boxed{} =760 & \cdots② \end{cases}$$

これを解いて，$x=\boxed{}$ ，$y=\boxed{}$ より，

（答え）カレーパンは $\boxed{}$ 個，あんパンは $\boxed{}$ 個

この解は問題に合っている。

 ゼッタイ！これだけ

● 答えは「$x=\sim$, $y=\sim$」としないで，求めるものの答えを，単位もつけて書く。
● 答えが問題に合っているかの確かめもする。

答え [ア] $x+y$ [イ] $120x+80y$
[ウ] 3 [エ] 5

練習問題 →解答は別冊 p.8

❶ 1個150円のチョコレートケーキと1個100円のショートケーキを合わせて12個買ったところ，代金は1450円になりました。それぞれのケーキの個数を求めなさい。

解き方

ちょっと疲れた。

チョコレートケーキ 　　　個, ショートケーキ 　　　個

割り引き後はいくら？

代金の問題では，仕入れ値や定価，割り引きの問題もよく出ます。仕入れ値を x 円として，2割の利益を見こんだ定価をつけると，定価は $1.2x$ 円になります。

また，その定価を1割引きした売り値は，$1.2x \times 0.9 = 1.08x$ 円になります。

問題文をよく読んで，どの金額に対しての割り引きかをまちがえないようにしましょう。

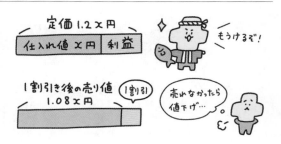

16 時間や速さの問題を解いてみよう

連立方程式の文章題②

なぜ学ぶの？

時間と速さ，道のりの問題もテストによく出てくるよ。
数量の関係は，表や線分図に表すとわかりやすくなるね。道のりの関係や，
かかった時間の関係をはっきりさせて式をたてよう。

1 時間・速さ・道のりの問題

これが大事！

Aさんは，6km 離れた駅まで時速8km で走っていこうとしたが，途中で疲れてしまい，そこからは時速4km で歩き，合わせて1時間で駅に着いた。Aさんが走った道のりと歩いた道のりを求めてみよう。

走った道のりを x km，歩いた道のりを y km として，速さと時間と道のりの関係を表や図にまとめると，下のようになる。

	時速8km	時速4km	合計
道のり	x km	y km	6km
時間	$\dfrac{x}{8}$ 時間	$\dfrac{y}{4}$ 時間	1時間

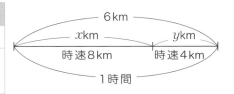

表や図から，道のりに関する式と時間に関する式をたてて，連立方程式を解く。

走った道のり　歩いた道のり　合計の道のり
$$\begin{cases} x + y = 6 & \cdots① \\ \dfrac{x}{8} + \dfrac{y}{4} = 1 & \cdots② \end{cases}$$
走った時間　歩いた時間　かかった時間

道のりの合計と時間の合計が右辺にくるようにすればいいね。

①，②より，$\begin{cases} x+y=6 \\ x+2y=8 \end{cases}$

これを解いて，$x=4$，$y=2$
よって，走った道のりは4km，
　　　　歩いた道のりは2km
この解は問題に合っている。

答え $\begin{cases} 走った道のり：4km \\ 歩いた道のり：2km \end{cases}$

ゼッタイ！
これだけ

● 求めるものは何かをしっかり確認する。
● 数量の関係がわかりにくいときは，表や図にまとめて整理する。

練習問題 →解答は別冊 p.9

① 池の周囲に1周1350mの道路があります。兄と弟が，この道路の同じ地点から同時に出発して，反対方向に走ったところ，出発してから3分後に出会いました。また，同じ地点から同時に同じ方向に走ったところ，兄が弟を1周ひきはなすのに，出発してから45分かかりました。
兄と弟の速さを求めなさい。

解き方

解けた！

兄:分速	m
弟:分速	m

これも！
プラス ## 単位に気をつけよう！

時間と速さ，道のりの問題では，kmとm，時速と分速，時間と分など，単位に気をつけましょう。式をたてるときは，必ず両辺の単位をそろえます。分速と時速の関係は次のとおりです。

A 分 ＋ B 分 ＝ C 分

各項を
同じ単位に
しよう！

分速 x km＝時速 $60x$ km

時間と速さ，道のりの関係もまちがえないようにしましょう。

・速さ＝道のり÷時間　　・道のり＝速さ×時間
・時間＝道のり÷速さ

41

おさらい問題

❶ 次の (ア)～(エ) の中から, x, y の値の組 $(-2, 3)$ が解である連立方程式をすべて選びなさい。

(ア) $\begin{cases} 2x+y=1 \\ 2x-3y=13 \end{cases}$　　　　　(イ) $\begin{cases} 4x+2y=6 \\ 3x-4y=-1 \end{cases}$

(ウ) $\begin{cases} 4x+y=-5 \\ -3x+4y=18 \end{cases}$　　　(エ) $\begin{cases} y=-x+1 \\ -2x+y=7 \end{cases}$

❷ 次の連立方程式を加減法で解きなさい。

(1) $\begin{cases} 7x+4y=1 \\ 3x+4y=5 \end{cases}$　　　　　(2) $\begin{cases} x-3y=10 \\ 2x+3y=2 \end{cases}$

(3) $\begin{cases} -3x+2y=-12 \\ 3x-y=9 \end{cases}$　　　(4) $\begin{cases} 5x-8y=6 \\ 2x-8y=12 \end{cases}$

❸ 次の連立方程式を代入法で解きなさい。

(1) $\begin{cases} y=2x-5 \\ 3x-2y=12 \end{cases}$　　　　(2) $\begin{cases} 2x=-4y+10 \\ 2x+7y=13 \end{cases}$

④ 次の連立方程式を解きなさい。

(1) $\begin{cases} 3x-2y=-3 \\ 4(x+1)-3y=-2 \end{cases}$

(2) $\begin{cases} 2x+y=4 \\ 0.3x+0.1y=1.4 \end{cases}$

(3) $\begin{cases} 2x-y=1 \\ \dfrac{x}{2}+\dfrac{y}{7}=3 \end{cases}$

⑤ 1個120円のお菓子Aと，1個150円のお菓子Bをそれぞれ何個か買って，1380円を払う予定でしたが，個数を逆にして買ったため，代金は1320円になりました。
お菓子AとBはそれぞれ何個買う予定でしたか。

17 1次関数とは？

1次関数

なぜ学ぶの？

1年生で関数について学んだね。比例も関数だったけれど，関数はそれだけじゃなかったよね。いろいろな関数の式やグラフを使うと，2つの数量の関係がよくわかるようになるよ。

1 1次関数とは

これが大事！

ともなって変わる2つの変数 x, y があって，

$$y=ax+b \ (a, b \text{ は定数})$$

のように，y が x についての1次式で表されるとき，y は，**x の1次関数**であるという。

実際に1次関数かどうかを調べてみよう。
右図のような，水位 10 cm 分の水が入っている水そうに1分間に4 cm ずつ水位が上がるように水を入れる。
x 分後の水位を y cm とすると，次の表のようになる。

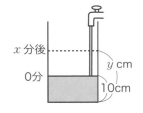

x（分）	0	1	2	3	…
y（cm）	10	14	18	22	…

この x と y の関係は，$y=4x+10$ と表せるので，水位 y は時間 x の1次関数である。

比例とちがって，$x=0$ のとき $y=0$ とは限らないんだね。

例 次のうち，1次関数はどれですか。

㋐ $y=3x$ 　　㋑ $\dfrac{y}{x}=-8$ 　　㋒ $y=\dfrac{6}{x}$

㋓ $y+4=2x$ 　　㋔ $y=-3x+5$

[ア]

ゼッタイ！これだけ　●1次関数の式は，変形して $y=ax+b$ の形で表せる。

答え [ア] ㋐, ㋑, ㋓, ㋔

練習問題　→解答は別冊 p.11

❶ 次の(1)～(5)について，y を x の式で表しなさい。また，y が x の1次関数のものは〇，そうでないものは×を解答欄に書きなさい。

(1) 1個 200 円のショートケーキ x 個を 100 円の箱につめてもらったときの代金を y 円とする。

式　＿＿＿＿＿＿＿＿＿＿＿＿＿＿＿　　□

(2) 50 kg のお米を x 人で等分したときの 1 人分の取り分を y kg とする。

式　＿＿＿＿＿＿＿＿＿＿＿＿＿＿＿　　□

(3) 1000 円で 120 円のノートを x 冊買ったときのおつりを y 円とする。

式　＿＿＿＿＿＿＿＿＿＿＿＿＿＿＿　　□

(4) 底辺が x cm，高さが 8 cm の三角形の面積を y cm^2 とする。

式　＿＿＿＿＿＿＿＿＿＿＿＿＿＿＿　　□

(5) 体重 50 kg の人が，1 個 2 kg の荷物を x 個持ったときの総重量を y kg とする。

式　＿＿＿＿＿＿＿＿＿＿＿＿＿＿＿　　□

休もう〜。

これも！プラス　**比例も1次関数**

比例 $y=ax$ は，1 次関数 $y=ax+b$ の式で，$b=0$ の場合の特別な形です。つまり，比例も 1 次関数にふくまれます。

反比例 $y=\dfrac{a}{x}$ は，式を変形すると $xy=a$ になり，

$y=ax+b$ の形にはならないので，1 次関数ではありません。

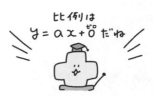

比例は
$y=ax+b$ だね

式の計算

連立方程式

1次関数

平行と合同

三角形・四角形

確率と箱ひげ図

18 2つの量の関係を調べよう

変化の割合

なぜ学ぶの？

x が増えると y がどのように変化するかを調べるときは，**変化の割合**を使うと便利だよ。1次関数の変化の割合はどうなっているか，見てみよう。

1 1次関数の値の変化

1次関数 $y=2x+5$ の表について調べてみよう。

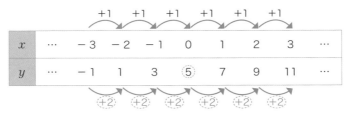

注意 $y=2x+5$ に x の値を代入すると y の値を求めることができる。たとえば，$x=1$ を代入すると，

$$y=2×1+5$$
$$=2+5$$
$$=7 \quad となる。$$

① $x=0$ のときの y の値に注目！

$y=2x+$⑤ ← yの値は式のこの部分

② x の値が1ずつ増えるとき，y の値の増え方に注目！

$y=$②$x+5$ ← yの増加量は式のこの部分

これが大事！ x の値が1増えるときの y の値の増加量を**変化の割合**という。

$$(変化の割合)=\frac{(y の増加量)}{(x の増加量)}$$

これが大事！ 1次関数 $y=ax+b$ では，変化の割合は一定であり，a の値と等しい。

例 $y=3x+4$ では，$x=0$ のとき，$y=$ [ア]□□□ である。

$y=3x+4$ では，x の値が1ずつ増えると，y は

[イ]□□□ ずつ増える。この値を

[ウ]□□□ という。

$y=ax+b$ では，x が1増えるといつでも y は a 増えるんだね。

ゼッタイ！ これだけ

● 変化の割合 $=\dfrac{(y の増加量)}{(x の増加量)}$

● 1次関数 $y=ax+b$ では，変化の割合は一定で，a の値と等しい。

答え [ア] 4 [イ] 3
[ウ] 変化の割合

① 1次関数 $y=6x-5$ の表について，下の問いに答えなさい。

x	$\cdots$	-1	0	1	2	$\cdots$	[オ]	$\cdots$
y	$\cdots$	[ア]	[イ]	[ウ]	[エ]		$\cdots$	25	$\cdots$

(1) 式 $y=6x-5$ に x の値や y の値を代入して[ア]～[オ]にあてはまる数を求め，表に書き入れなさい。

(2) 次の◯◯◯にあてはまる数を答えなさい。

x の値が 1 ずつ増えると y の値は [カ]◯◯◯ ずつ増える。つまり，変化の割合は一定で，[キ]◯◯◯ である。

② 次の 1 次関数で，x の値が 2 から 6 まで増加したときの変化の割合を求めなさい。

(1) $y=4x-5$

(2) $y=-2x+6$

(3) $y=\dfrac{1}{4}x+3$

わかった～！

これも！プラス **1次関数の a と b は表のどこにある？**

$y=3x+4$ の x と y の関係は，下の表のようになります。$x=0$ のときの値 4 が，$y=ax+b$ の b にあたります。変化の割合 a は，x の値が 1 増えるときの y の増加量なので，$a=3$ です。

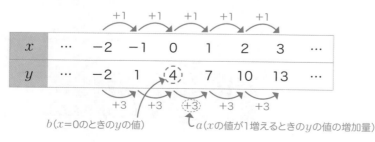

b（$x=0$ のときの y の値）　　a（x の値が 1 増えるときの y の値の増加量）

表からも a, b の値がわかるね

19 表を使ってグラフをかいてみよう

1次関数のグラフのかき方①

なぜ学ぶの？

関数をグラフに表すと，x や y の値がどのように変化しているかがよくわかるよ。グラフ上の点を読みとれば，対応する x と y の値を求めることもできるよ。

1 表からグラフをかこう

1次関数 $y=2x+1$ について表を作ると，次のようになる。

x	…	-2	-1	0	1	2	…
y	…	-3	-1	1	3	5	…

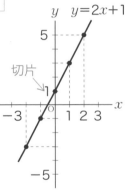

これが大事！

〈グラフのかき方〉
①表から x と y の値の組を座標とする点をとる。
②①でとった各点を直線で結ぶ。

・1次関数 $y=ax+b$ のグラフを
直線 $y=ax+b$ という。
・グラフと y 軸との交点 $(0, b)$ の y 座標 b を，
この直線の切片という。
直線 $y=2x+1$ の切片は 1。

例 下の1次関数 $y=-2x-1$ の表の ◯ をうめ，グラフを右の［エ］にかきましょう。

x	…	-2	-1	0	1	2	…
y	…	3	1	［ア］	［イ］	［ウ］	…

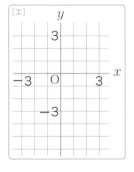

[エ]

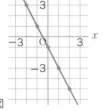

答え ［ア］-1
　　 ［イ］-3
　　 ［ウ］-5
　　 ［エ］右の図

ゼッタイ！これだけ

●1次関数 $y=ax+b$ のグラフは
点 $(0, b)$ を通る直線。

① **次の問いに答えなさい。**

(1) 1次関数 $y=x+2$ について，下の表の［ ］をうめなさい。

x	…	-2	-1	0	1	2	…
y	…	［ア］	［イ］	［ウ］	［エ］	［オ］	…

(2) 1次関数 $y=-\dfrac{1}{2}x+2$ について，下の表の［ ］をうめなさい。

x	…	-4	-2	0	2	4	…
y	…	［ア］	［イ］	［ウ］	［エ］	［オ］	…

(3) ① $y=x+2$ のグラフをかきなさい。 ② $y=-\dfrac{1}{2}x+2$ のグラフをかきなさい。

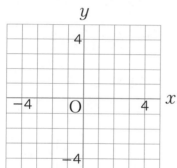

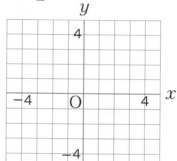

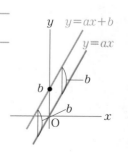

なるほどなるほど～。

これも！プラス $y=ax$ のグラフと $y=ax+b$ のグラフの関係

比例 $y=ax$ のグラフは原点を通る直線です。

$y=ax+b$ の y の値は，$y=ax$ の y の値より，常に b だけ大きくなっています。

つまり，$y=ax+b$ のグラフは，$y=ax$ のグラフを上方へ b だけ平行移動した直線になります。

20 式からグラフをかいてみよう
1次関数のグラフのかき方②

なぜ学ぶの?
表を使ってグラフをかくには，対応する x, y の値をいくつか求めなければならないね。式からグラフがかければ，そのような計算は必要ないよ。式を見れば，グラフの**傾き**と**切片**がわかるんだよ。

1 式からグラフをかこう

これが大事! 1次関数 $y=ax+b$ のグラフで，a の値を，直線の**傾き**という。

$$\text{直線の傾き } a = \text{変化の割合} = \frac{y \text{ の増加量}}{x \text{ の増加量}}$$

1次関数 $y=2x+1$ のグラフ
・切片（$y=ax+b$ の b の値）が 1
　→点 (0, 1) を通る。
・傾き（$y=ax+b$ の a の値）が 2
　→点 (0, 1) から右へ 1，上へ 2
　　進んだ点 (1, 3) を通る。
したがって，2 点 (0, 1), (1, 3) を通る直線になる。

式から，切片と直線の傾きがわかるね。

切片 $y=2x+1$ 2…y の増加量 1…x の増加量

例 1次関数 $y=-3x+3$ のグラフは，

切片は $\boxed{}^{[ア]}$ ，傾きは $\boxed{}^{[イ]}$ 。

よって，点 $(0, \boxed{}^{[ウ]})$ を通り，この点から，

右へ 1，下へ $\boxed{}^{[エ]}$ 行った点 $(\boxed{}^{[オ]}, \boxed{}^{[カ]})$

を通る直線になります。グラフを右の [キ] にかきましょう。

[キ]
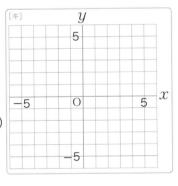

答え [ア] 3 [イ] −3 [ウ] 3 [エ] 3
　　　[オ] 1 [カ] 0
[キ]
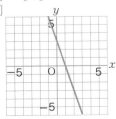

ゼッタイ! これだけ
●1次関数 $y=ax+b$ のグラフは，点 $(0, b)$ を通り，変化の割合 a を傾きとする直線になる。

式の計算
連立方程式
1次関数
平行と合同
三角形・四角形
確率と箱ひげ図

練習問題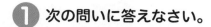

➡解答は別冊 p.13

1 次の問いに答えなさい。

(1) 1次関数 $y=-x+2$ のグラフについて，切片と傾きを答えなさい。

切片 [　　　]　　　傾き [　　　]

(2) 1次関数 $y=2x-3$ について，変化の割合を答えなさい。

[　　　]

(3) ① $y=-x+2$ のグラフをかきなさい。　　② $y=2x-3$ のグラフをかきなさい。

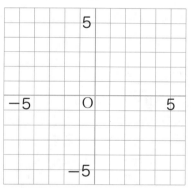

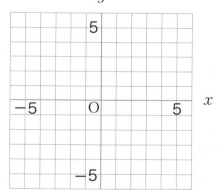

次は 100 点だから。

どうしても解けない場合は
変化の割合へGO! p.46

---

^{これも!}
プラス **1次関数 $y=ax+b$ のグラフ**

1次関数 $y=ax+b$ のグラフは，
a が正の数のとき，
右上がりの直線になります。
a が負の数のときは
右下がりの直線になります。

$a>0$のとき，右上がり　　$a<0$のとき，右下がり

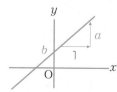

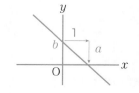

21 1次関数の式を求めよう

直線の式の求め方

なぜ学ぶの？

式からグラフがかけるようになったら，次は，与えられたグラフや座標から式を求めてみよう。式がわかると，その関数がどんな関数なのかがすぐわかるよ。

1 直線の式の求め方

これが大事！ 1次関数は，変化の割合が一定なので，グラフは直線になる。このことから，1次関数の式を直線の式ともいう。

(1) 点 (1, 5) を通り，傾き2
　　の直線の式

求め方 傾きが2なので
$y=2x+b$ とする。
点 (1, 5) を通ることから
$x=1$, $y=5$ を代入すると，
$5=2×1+b$
$5=2+b$
$2+b=5$
$b=5-2$
$=3$
よって，$y=2x+3$

(2) 2点 (-2, 7), (1, -2)
　　を通る直線の式

求め方

xの増加量3
$(-2, 7) \Longrightarrow (1, -2)$
yの増加量-9

よって，(傾き)＝$\dfrac{-9}{3}=-3$ より，
$y=-3x+b$
とする。点 (1, -2) を通ることから，$x=1$, $y=-2$ を代入して，
$-2=-3×1+b$
これを解いて，
$b=1$
よって，$y=-3x+1$

$y=ax+b$ の何がわかっているのかな？

例 点 (2, 7) を通り，傾き4の直線の式は，

傾きが4なので，$y=\boxed{}^{[ア]}x+b$ とする。点 (2, 7) を通ることから，

$x=\boxed{}^{[イ]}$, $y=\boxed{}^{[ウ]}$ を代入して，$7=4×2+b$

これを解いて，$b=\boxed{}^{[エ]}$

よって，$y=\boxed{}^{[オ]}$

ゼッタイ！ これだけ

●与えられた座標や傾きを $y=ax+b$ に代入して式を求める。

答え [ア] 4 [イ] 2 [ウ] 7 [エ] -1 [オ] $4x-1$

練習問題 →解答は別冊 p.13

❶ 点 $(4, -1)$ を通り, 傾き $-\dfrac{1}{2}$ の直線の式を求めなさい。

求め方

❷ 2点 $(-2, -17)$, $(3, 13)$ を通る直線の式を求めなさい。

求め方

わからないけど
とりあえずやってみる?

 通る2点がわかっているときの解き方

通る2点がわかっている場合, 連立方程式をつくって直線の式を求めることもできます。

左ページの (2) で, 2点 $(-2, 7)$, $(1, -2)$ の座標をそれぞれ $y=ax+b$ に代入し, a, b についての連立方程式をつくると,

$$\begin{cases} 7 = -2a+b \\ -2 = a+b \end{cases}$$

これを解いて, $a=-3$, $b=1$
したがって, 求める式は, $y=-3x+1$

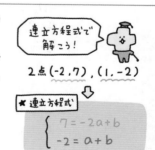
連立方程式で解こう!
2点 $(-2, 7)$, $(1, -2)$
★連立方程式
$\begin{cases} 7 = -2a+b \\ -2 = a+b \end{cases}$

22 方程式のグラフって何？

方程式とグラフ

2元1次方程式は $y=ax+b$ の形に変形できるから，y は x の1次関数とみることができるね。このことを使って，方程式の解をグラフに表すことができるよ。

1 2元1次方程式のグラフ

これが大事！

2元1次方程式 $ax+by=c\cdots$① を y について解くと，

$y=-\dfrac{a}{b}x+\dfrac{c}{b}\cdots$② となり，

y は x の1次関数であることがわかる。
①と②は同じ式なので，2元1次方程式①の
解を座標にとると，②のグラフと一致し，直
線になる。この直線を，**方程式 $ax+by=c$ の
グラフ**という。

たとえば，2元1次方程式 $2x+y=3$ のグラフは
$y=-2x+3$ より，右の図のようになる。

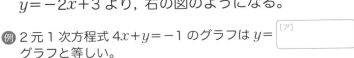

例 2元1次方程式 $4x+y=-1$ のグラフは $y=$ [ア]□ の
グラフと等しい。

> 2元1次方程式の
> グラフは，式を y
> について解けば，
> かけるね。

2 座標軸に平行な直線

$y=2$，$x=-3$ などは，方程式 $ax+by=c$ でそれぞれ
$a=0$，$b=0$ の場合を表す。

方程式 $y=2$ は，x がどのような値をとっても
y の値は2だから，$y=2$ のグラフは，
点 $(0, 2)$ を通り，x 軸に平行な直線になる。

方程式 $x=-3$ も同様に，y がどのような値を
とっても x の値は-3だから，$x=-3$ のグラ
フは，点 $(-3, 0)$ を通り，y 軸に平行な直線になる。

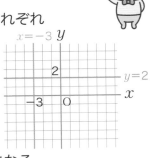

> **ゼッタイ！これだけ**
> ●方程式 $ax+by=c$ のグラフは，式を y に
> ついて解き，傾きと切片を求めてかく。

練習問題 →解答は別冊 p.13

① 方程式 $2x-y=5$ のグラフをかきなさい。

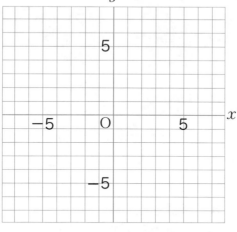

② 方程式 $y=4$ のグラフと，方程式 $2x+6=4$ のグラフを，同じ座標平面にかきなさい。

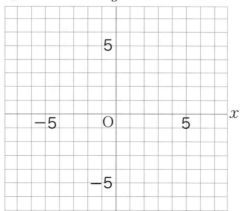

ここまで
わかれば OK。

どうしても解けない場合は
1次関数のグラフのかき方②へGO! p.50

$y=0$ や $x=0$ のグラフ

$y=0$ のグラフは，x の値がいくつであっても y の値は 0 なので，点 $(0,\ 0)$ を通って x 軸に平行な直線，つまり x 軸になります。

$x=0$ のグラフは，y の値がいくつであっても x の値は 0 なので，点 $(0,\ 0)$ を通って y 軸に平行な直線，つまり y 軸になります。

式の計算

連立方程式

1次関数

平行と合同

三角形・四角形

確率と箱ひげ図

23 連立方程式の解をグラフから求めよう

連立方程式とグラフ

なぜ学ぶの？

連立方程式の解は，2つの方程式のグラフからも求めることができるよ。逆に，2つのグラフの交点を，連立方程式を使って求めることもできるよ。

1 連立方程式とグラフ

 これが大事！

$$\begin{cases} x-y=1 \\ x+2y=4 \end{cases}$$

y について解く

$$\begin{cases} y=x-1 \\ y=-\dfrac{1}{2}x+2 \end{cases}$$

グラフをかく

連立方程式を解かなくても，グラフをかけば解がわかるね。

2つの2元1次方程式をそれぞれ y について解き，グラフをかくと，連立方程式を解くことができる。

2直線の交点 (2, 1) が連立方程式の解である。

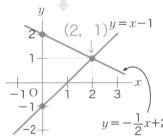

例 連立方程式の解を，グラフをかいて求めましょう。

$$\begin{cases} -x+y=2 \\ x+y=4 \end{cases}$$

y について解く

[ア]

[イ]

グラフをかく

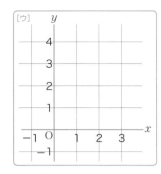

2直線の交点 [エ] が

連立方程式の [オ] である。

$(x, y) =$

$\left(\begin{array}{c} [カ] \end{array}, \begin{array}{c} [キ] \end{array} \right)$

答え [ア] $y=x+2$ [イ] $y=-x+4$

[ウ]

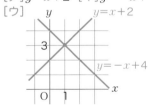

ゼッタイ！これだけ

●連立方程式は，式を $y=ax+b$ の形に変形してグラフをかく。

[エ] (1, 3) [オ] 解 [カ] 1 [キ] 3

![練習問題](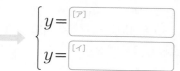) →解答は別冊 p.14

❶ 次の連立方程式の解を，グラフをかいて求めなさい。

$$\begin{cases} x+y=-1 \\ 2x-y=4 \end{cases} \Rightarrow \begin{cases} y= \boxed{}^{[ア]} \\ y= \boxed{}^{[イ]} \end{cases}$$

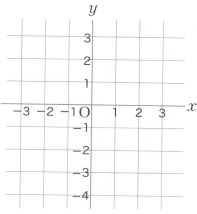

連立方程式の解は，$\begin{cases} x= \boxed{}^{[ウ]} \\ y= \boxed{}^{[エ]} \end{cases}$

今日はあとちょっとにしよう。

どうしても解けない場合は
1次関数のグラフのかき方②へGO! **p.50**

これも！プラス　グラフの交点が読みとれないとき

グラフの交点の座標が整数でないときは，直線の式を使って連立方程式を解けば，座標が求められます。

例2 直線 (1) $y=\dfrac{2}{3}x+2$　(2) $y=-\dfrac{1}{2}x+\dfrac{1}{2}$
の交点を求めましょう。

2つの式を変形して，(1)は $2x-3y=-6$，(2)は
$x+2y=1$ として，連立方程式を解くと，
$x=-\dfrac{9}{7}$　$y=\dfrac{8}{7}$　よって，交点は $\left(-\dfrac{9}{7},\ \dfrac{8}{7}\right)$

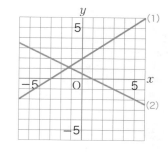

24 グラフを使って問題を解こう
1次関数の利用

1次関数を使って解く問題は，速さと道のりの問題や，水そうの水の量の問題，平面図形上を動く点と面積の問題などがよく出題されるよ。グラフの傾きや，通る点などから，状況を読みとれるようになろう。

1 速さの問題

右のグラフは，600 m のサイクリングコースを，終点のP地点まで，Aさんは歩いて進み，Bさんは自転車で進んだようすを途中まで表している。

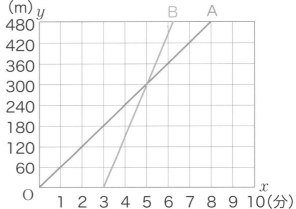

(1) Bさんの分速を求める。
　グラフから，2分で300 m 進んでいるから，分速 150 m

(2) Bさんのグラフを表す直線の式を求める。$y=150x+b$ とおいて，$x=3$，$y=0$ を代入すると，$b=-450$
よって，$y=150x-450$

例 上のグラフを使って答えましょう。BさんがP地点に着いたとき，Aさんはスタート地点から何mの地点にいますか。

Bさんが P 地点に着いたときの時間は，

Bさんの式に $y=$ [ア]_____ を代入して，

[ア]_____ $=150x-450$

これを解いて，$x=$ [イ]_____ より，[イ]_____ 分。

このとき A さんはスタート地点から [ウ]_____ m の地点にいる。

グラフから，いろいろなことが読みとれるね。

●グラフの傾きが速さ。
●グラフから読みとれないときは直線の式から考える。

答え [ア] 600 [イ] 7 [ウ] 420

58

練習問題

→解答は別冊 p.14

❶ 右の図のような長方形 ABCD の辺上を，点
P が毎秒 1 cm の速さで，点 A から点 B，点
C を通って，点 D まで移動します。
下のグラフは，点 P が出発してからの時間を
x 分，$\triangle$ APD の面積を y cm^2 として，x と
y の関係を途中まで表したものです。
次の問いに答えなさい。

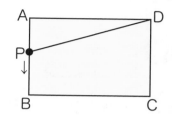

(1) 辺 AB，辺 BC の長さを求めなさい。

(2) $0 \leqq x \leqq 4$ のときのグラフの式を求め
なさい。

(3) 点 P は出発して何秒後に点 D に到着しますか。

わかった…はず！

(4) グラフの続きをかきなさい。

> どうしても解けない場合は
> **直線の式の求め方へGO！** p.52

これも！
プラス

グラフが1つの直線にならない場合

上の練習問題のように，途中でグラフと式が
変わる場合があります。たとえば，右の図の
ように，大，小２つの正方形があり，小さい
正方形が毎秒１cm の速さで右に動くとします。
このときの，重なった部分の面積の式は，面
積が大きくなるとき，同じとき，小さくなる
ときで変わります。
ほかにも，速さの問題で，途中で速さが変わっ
たり止まったりしたときも，グラフの傾きが
変わります。

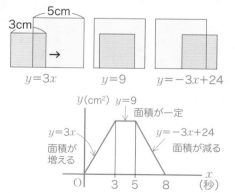

おさらい問題

1 次の (ア) ～ (エ) の中から, y が x の一次関数であるものをすべて選びなさい。

(ア) 1 個 200 円の品物を x 個買って, 1000 円出したときのおつりは y 円である。
(イ) 半径 x cm の円の面積は y cm^2 である。
(ウ) 24 km の道のりを時速 x km で行くと, y 時間かかる。
(エ) 10L 入っている水そうに毎分 xL ずつ水を入れると, 5 分で yL になる。

2 次の直線の式を求めなさい。

(1) 変化の割合が 4 で, 点 (3, 5) を通る直線

(2) 2 点 (−2, 0), (4, 12) を通る直線

(3) グラフの切片が−2 で, 点 (−4, 2) を通る直線

❸ 次の連立方程式の解を，グラフを使って求めなさい。

$$\begin{cases} 2x+y=4 \\ 3x-y=1 \end{cases}$$

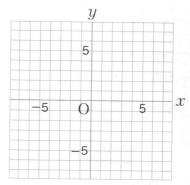

❹ 右の図のように，底面に垂直な長方形の仕切りで仕切られた直方体の水そうがあります。
下のグラフは，水そうが空の状態から満水になるまで底面Aの側から給水したときの，経過時間と底面Aの側の水面の高さのようすを表しています。
このとき，次の問いに答えなさい。

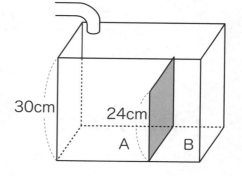

(1) $0 \leqq x \leqq 8$ のとき，水面は1分間に何cm上昇しますか。

(2) $12 \leqq x \leqq 15$ のときのxとyの関係を式で表しなさい。

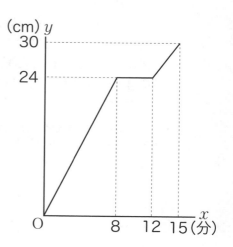

25 同位角・錯角ってどんな角？

対頂角・同位角・錯角

2つの直線と1つの直線が交わってできる角には, **同位角・錯角**という呼び方があるよ。同位角・錯角の性質を使うと, 図形のいろいろな性質が説明できるようになるんだ。

1 対頂角

これが大事!

右の図のように, 2直線 ℓ, m が交わってできる4つの角のうち,

$$\angle a と \angle c, \quad \angle b と \angle d$$

のように, 向かい合った2つの角を**対頂角**という。

重要 対頂角は等しい。

2 同位角と錯角

これが大事!

2直線 ℓ, m に直線 n が交わってできる8つの角のうち,

$\angle a と \angle a'$, $\angle b と \angle b'$
$\angle c と \angle c'$, $\angle d と \angle d'$

のような位置関係にある2つの角を**同位角**という。また,

$\angle b と \angle d'$, $\angle c と \angle a'$

のような位置関係にある2つの角を**錯角**という。

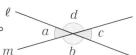

左上どうし, 右上どうしなど, 同じ位置にあるから同位角だね。

例 右の図で, 2直線 ℓ, m に直線 n が交わってできる8つの角のうち,

$\angle x と \angle z$ は, [ア]　　　　角

$\angle y と \angle z$ は, [イ]　　　　角

という。

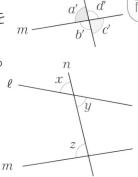

ゼッタイ！ これだけ

| 対頂角 | 同位角 | 錯角 |

等しい！

答え [ア] 同位 [イ] 錯

式の計算
連立方程式
1次関数
平行と合同
三角形・四角形
確率と箱ひげ図

練習問題　→解答は別冊 p.15

❶ 右の図のように，3直線が1点で交わっています。
このとき，∠x の大きさを求めなさい。

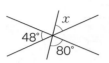

$$∠x= \qquad$$

❷ 右の図のように，2直線に1つの直線が交わってで
きる8つの角のうち，対頂角，同位角，錯角をそれぞ
れすべて求めなさい。

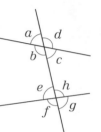

対頂角

同位角

錯角

なるほど〜。

これも！ プラス　対頂角が等しいわけ

対頂角が等しくなるのはどうしてでしょう。

左下の図で，∠a+∠c=180°なので，∠a=180°−∠c
右下の図で，∠b+∠c=180°なので，∠b=180°−∠c

したがって，∠a=∠b
このことから，対頂角は等しいといえます。

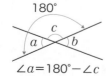
∠a=180°−∠c

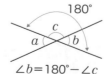
∠b=180°−∠c

180°から
∠cをひくと…
よいしょっ

26 平行な直線の同位角・錯角は等しい！

同位角・錯角と平行線

なぜ学ぶの？

平行な2直線に直線が交わるときの同位角や錯角は，それぞれ等しくなるよ。
この性質は図形のさまざまな場面で活躍するから，しっかり覚えておこう。

1 同位角と平行線

① 2直線が平行のとき，同位角は等しい。

$\ell /\!/ m$　ならば　$\angle a = \angle b$

② 同位角が等しいとき，2直線は平行である。

$\angle a = \angle b$　ならば　$\ell /\!/ m$

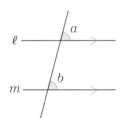

2直線が平行でないと
成り立たないよ。

2 錯角と平行線

① 2直線が平行のとき，錯角は等しい。

$\ell /\!/ m$　ならば　$\angle c = \angle d$

② 錯角が等しいとき，2直線は平行である。

$\angle c = \angle d$　ならば　$\ell /\!/ m$

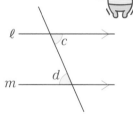

例 右の図で，$\ell /\!/ m$ のとき，

$\angle x = $ [ア] 　°

$\angle y = $ [イ] 　°

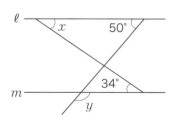

●2直線が平行のとき→同位角，錯角は等しい

●同位角，錯角が等しいとき→2直線は平行

答え [ア] 34 [イ] 130

練習問題 →解答は別冊 p.16

❶ 右の図で，$\ell \, / \! / \, m$ のとき，$\angle x$，$\angle y$ の大きさを
それぞれ求めなさい。

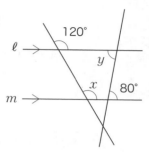

$\angle x =$ ⬚ ⬚ $\angle y =$ ⬚

❷ 右の図で，$\ell \, / \! / \, m$ のとき，$\angle x$，$\angle y$ の大きさを
それぞれ求めなさい。

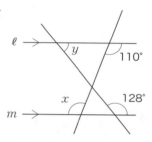

$\angle x =$ ⬚ ⬚ $\angle y =$ ⬚

意外とカンタン
じゃない？

補助線をひいて角の大きさを求めよう！

下の図のような $\angle x$ を求めるには，下の図のような，直線 ℓ に平行な直線をひいて考え
ます。

平行線の錯角は等しいので，

$$\angle x = 40° + 38°$$
$$= 78°$$

このように問題を解く手助け
となる線を**補助線**といいます。

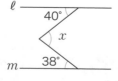

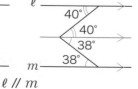

線を
ひこう

27 三角形の外角ってどこの角？

三角形の内角・外角

なぜ学ぶの？

三角形の**内角**や**外角**の性質を使うと，いろいろな多角形の角の大きさを求めることができるよ。また，このあと学習する図形の合同でも必要になるよ。

1 三角形の内角の性質

 三角形の内角の和は，180°である。

$$\angle a + \angle b + \angle c = 180°$$

注意 $\angle a$，$\angle b$，$\angle c$ を△ABC の
内角という。

例 右の三角形の∠x の大きさは，

[ア]　　。

2 三角形の外角の性質

 三角形の外角は，これととなり
合わない内角の和に等しい。

$$\angle x = \angle a + \angle b$$

注意 ∠x を△ABC の頂点Cにおける
外角という。

例 下の三角形の∠x の大きさは，

[イ]　　。

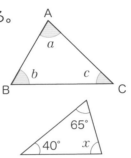

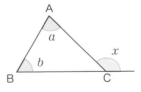

∠A の外角は
２か所あるよ。

外角 外角

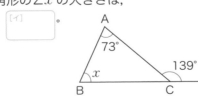

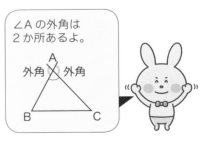

ピッタリ！
これだけ

● 三角形の内角の和は 180°
● 三角形の外角は，これととなり合わない内角の和に等しい。

答え [ア] 75 [イ] 66

練習問題 →解答は別冊 p.16

① 次の図で，∠x の大きさを求めなさい。

(1)
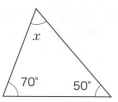

∠x=

(2)
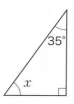

∠x=

(3)
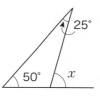

∠x=

(4)
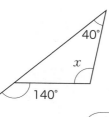

∠x=

> また忘れた，なんだっけ？

これも！プラス **三角形の内角と外角の性質**

右の図のような△ABC で，辺 AB と平行な直線 CD をひき，辺 BC を延長した直線 BE をひきます。

すると，平行線の同位角は等しいから，∠DCE＝∠b，平行線の錯角は等しいから，∠ACD＝∠a

したがって，頂点 C のまわりに三角形の 3 つの角を集めることができ，合わせると 180°になります。

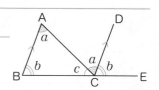

《内角の性質》
∠a＋∠b＋∠c＝180°
《外角の性質》
∠a＋∠b＝∠ACE だね

28 多角形の内角の和, 外角の和は何度？

多角形の内角の和・外角の和

三角形の内角の和を使うと, 四角形や他の多角形の内角の和も求めることができるよ。角度を求める問題で使うこともあるので, 求める式を覚えておこう。

1 多角形の内角の和

三角形の内角の和
180°

四角形の内角の和
180°×2＝360°
（三角形2つ分）

五角形の内角の和
180°×3＝540°
（三角形3つ分）

…

n 角形は対角線で $(n-2)$ 個の三角形に分けられるね。

これが大事!
n 角形の内角の和は, $180° \times (n-2)$ である。
※三角形 $(n-2)$ 個分

例 七角形の内角の和は [ア] ⬚ °

2 多角形の外角の和

これが大事!
多角形の外角の和は, 360°である。

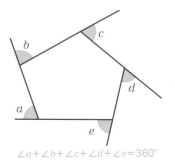

$\angle a + \angle b + \angle c + \angle d + \angle e = 360°$

例 [1] 正八角形の1つの外角の大きさは [イ] ⬚ °

[2] 正八角形の1つの内角の大きさは [ウ] ⬚ °

ゼッタイ！これだけ

●n 角形の内角の和…$180° \times (n-2)$
●多角形の外角の和…360°

答え [ア] 900 [イ] 45 [ウ] 135

練習問題 →解答は別冊 p.16

① 次の図で，∠x の大きさを求めなさい。

(1)

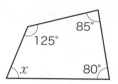

$$\angle x=$$

(2)

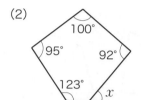

$$\angle x=$$

② 正十角形について，次の値を答えなさい。

(1) 内角の和

(2) 1 つの内角の大きさ

(3) 外角の和

(4) 1 つの外角の大きさ

あせらない，
あせらない。

式の計算

連立方程式

1 次関数

平行と合同

三角形・四角形

確率と箱ひげ図

 これも！プラス 多角形の外角の和が360°なのはどうして？

n 角形の外角の和は，n がいくつの場合でも 360 です。なぜでしょうか？
n 角形のある 1 つの角で，(内角)＋(外角)＝180 °だから，n 角形全体で

(内角の和)＋(外角の和)＝180 °×n
(外角の和)＝180 °×n－(内角の和)
$\qquad$＝180 °×n－180 °×(n－2)
$\qquad$＝360 °

180°が
n個分

29 合同ってどういうこと？

合同な図形

なぜ学ぶの？ 形も大きさも同じ図形を**合同**であるというよ。見た目が同じようでも本当に合同かどうかわからないときは，これから学ぶ合同な図形の性質を使って確かめるよ。

1 合同な図形とは？

これが大事！ 右の図のように，形と大きさがまったく同じ図形を，**合同な図形**という。右の図の場合，四角形 ABCD≡四角形 EFGH とかき，「≡」は「合同」と読む。

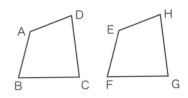

2 合同な図形の性質

これが大事！
合同な図形では，
① 対応する線分の長さはそれぞれ等しい。
② 対応する角の大きさはそれぞれ等しい。

△ABC≡△DEF ならば，
① AB＝DE，BC＝EF，CA＝FD
② ∠A＝∠D，∠B＝∠E，∠C＝∠F

対応する頂点を同じ順に並べるよ。

例 右の図で，△ABC≡△EFD のとき

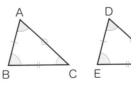

AB＝[ア]〔　〕

BC＝[イ]〔　〕　　CA＝[ウ]〔　〕

∠A＝[エ]〔　〕　∠B＝[オ]〔　〕　∠C＝[カ]〔　〕

合同な図形では，
●対応する線分の長さはそれぞれ等しい。
●対応する角の大きさはそれぞれ等しい。

答え [ア]EF [イ]FD [ウ]DE
[エ] ∠E [オ] ∠F [カ] ∠D

練習問題 →解答は別冊 p.16

1 次の図で，四角形 ABCD≡四角形 EFGH であるとき，下の問いに答えなさい。

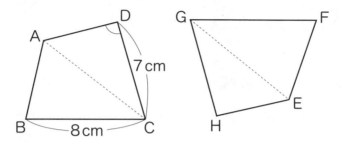

(1) 辺 AB と対応する辺を答えなさい。

(2) ∠D と対応する角を答えなさい。

(3) △ABC と合同な三角形を答えなさい。

(4) 辺 HG の長さを求めなさい。

これも！プラス 裏返して重なる図形も合同

右の図の三角形 DFE は，三角形 ABC を
裏返したものです。裏返したから，

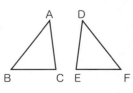

AB＝DF，AC＝DE，BC＝FE，
∠A＝∠D，∠B＝∠F，∠C＝∠E

対応する線分の長さはそれぞれ等しく，対応する角の大きさも
それぞれ等しいので，合同といえます。

30 三角形が合同であるための条件は？

三角形の合同条件

なぜ学ぶの？

図形が合同かどうか確かめるときに，三角形の合同を利用することが多いよ。2つの三角形は，対応する3つの角が等しいだけでは合同といえないね。では，どんなときに合同といえるかな？

1 三角形の合同条件

これが大事！ 2つの三角形は，次のどれか1つが成り立てば合同である。

① 3組の辺がそれぞれ等しい。

AB＝A´B´
BC＝B´C´
CA＝C´A´

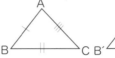

三角形の合同条件は3通りだよ。しっかり覚えておこう。

② 2組の辺とその間の角がそれぞれ等しい。

AB＝A´B´
BC＝B´C´
∠B＝∠B´

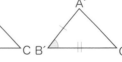

③ 1組の辺とその両端の角がそれぞれ等しい。

BC＝B´C´
∠B＝∠B´
∠C＝∠C´

例 右の図で AB＝DC，AB∥DC です。
合同な三角形は，

△OAB と △[ア]

合同条件は，上の

[イ] 番

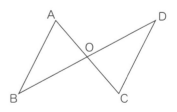

三角形の合同条件
●3組の辺がそれぞれ等しい。
●2組の辺とその間の角がそれぞれ等しい。
●1組の辺とその両端の角がそれぞれ等しい。

ゼッタイ！これだけ

答え [ア]OCD [イ]③

練習問題 →解答は別冊 p.16

1 次の図で，合同な三角形を選び，記号で答えなさい。
また，そのときの合同条件を答えなさい。

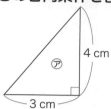

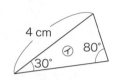

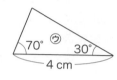

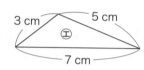

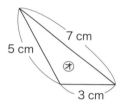

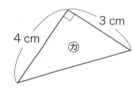

つかれた……
もうダメ……。

〈合同な三角形〉　　〈合同条件〉

と	
と	
と	

これも！プラス ## 足りない合同条件は何？

三角形の合同条件は，どれを使ってもＯＫです。また，
合同条件を使う際，どの辺や角を選んでもＯＫです。
右の２つの三角形は，あと２か所，どこが等しければ
合同といえるでしょうか。

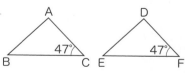

答え AC＝DF，BC＝EF ←2 組の辺とその間の角がそれぞれ等しい。
　　 または，∠B＝∠E，BC＝EF ←1 組の辺とその両端の角がそれぞれ等しい。
　　 または，∠A＝∠D，AC＝DF ←1 組の辺とその両端の角がそれぞれ等しい。

問題を解くときは，見落としている条件がないかよく確かめましょう。

角度を使う
合同条件は2つね

31 証明って何をするの？

証明のしくみ

図形が合同かどうかなど，書かれていることが正しいことを，筋道を立てて説明するのが証明だよ。論理的な考え方をして，それをことばで説明する力を身につけよう。

1 証明するってどうするの？

これが
大事！

三角形の合同条件，「2つの三角形で，3組の辺がそれぞれ等しければ，合同である。」のように「A ならば B である」のような形で言い表されるとき，A の部分を仮定，B の部分を結論という。
仮定やすでに正しいと認められたことを根拠に，筋道を立てて結論を導くことを，証明という。

(1) 右図において，$\ell \,/\!/\, m$ ならば∠a＝∠b
であることを証明するとき，
仮定は $\ell \,/\!/\, m$，結論は∠a＝∠b

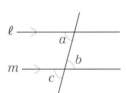

証明
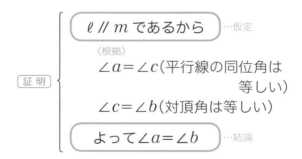

> $\ell \,/\!/\, m$ であるから …仮定
>
> 〈根拠〉
> ∠a＝∠c（平行線の同位角は等しい）
> ∠c＝∠b（対頂角は等しい）
>
> よって∠a＝∠b …結論

仮定から結論を導くことを証明っていうんだね。

例 「ある数が4の倍数ならば，その数は2の倍数である。」において，

仮定は [ア] _____

結論は [イ] _____

ゼッタイ これだけ

A ならば B
↑ ↑
仮定 結論

練習問題

→解答は別冊 p.17

1 次の文章で，仮定と結論を答えなさい。

(1) 半径の等しい円は合同である。

仮定 [　　　　　　　　　　]

結論 [　　　　　　　　　　]

(2) 2 でわりきれる数は偶数である。

仮定 [　　　　　　　　　　]

結論 [　　　　　　　　　　]

2 右の図で，$\ell \mathbin{/\!/} m$，AB＝CD です。△OAB と△ODC が合同であることを証明します。次の問いに答えなさい。

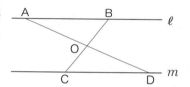

(1) 仮定を答えなさい。

(2) 結論を答えなさい。

うん，
そこそこわかる。

(3) 結論をいうための合同条件を答えなさい。

(4) (3)を導く根拠で，$\ell \mathbin{/\!/} m$ からいえることを答えなさい。

> どうしても解けない場合は
> **三角形の合同条件へGO!**　p.72

 これも！プラス 証明によく使われる基本性質

次のような性質が証明の根拠によく使われます。しっかり覚えておきましょう。
- 対頂角は等しい
- 平行線の同位角，錯角はそれぞれ等しい
- 同位角や錯角が等しければ，2 直線は平行
- 合同な図形では，対応する辺の長さや角の大きさが等しい
- 三角形の合同条件
- 三角形の内角の和は 180°

どの性質も
よく使うから
しっかり覚えよう

基本性質

32 実際に合同の証明をしてみよう
合同の証明

なぜ学ぶの？　図形の問題では，三角形の合同の証明問題がよく出てくるよ。
31 で学んだように，仮定と結論をはっきりさせて，すでに正しいと認められていることを根拠に，結論を導こう。

1 三角形の合同を証明しよう！

右の図で，AB＝DC，∠ABC＝∠DCB のとき，
△ABC ≡ △DCB となることの証明は，

[仮定] AB＝DC，∠ABC＝∠DCB

[結論] △ABC≡△DCB

[証明] △ABC と△DCB において，
仮定より，　　　　　　　AB＝DC　……①←番号をふるとよい
　　　　　　　　∠ABC＝∠DCB……②←対応する頂点を
　　　　　　　　　　　　　　　　　　同じ順に並べる
共通な辺であるから，BC＝CB　……③
①，②，③より，2 組の辺とその間の角がそれぞれ等しいので，
　　　　　　　　　△ABC≡△DCB

例 右の図で，AB∥DC，AD∥BC のとき，△ABC≡△CDA となることを証明しましょう。

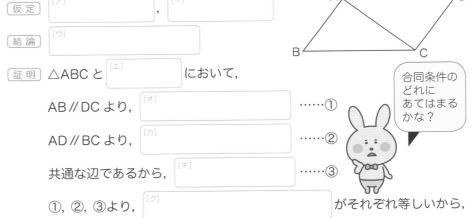

[仮定] [ア]＿＿＿＿＿ , [イ]＿＿＿＿＿

[結論] [ウ]＿＿＿＿＿

[証明] △ABC と [エ]＿＿＿＿＿ において，

AB∥DC より，[オ]＿＿＿＿＿ ……①

AD∥BC より，[カ]＿＿＿＿＿ ……②

共通な辺であるから，[キ]＿＿＿ ……③

①，②，③より，[ク]＿＿＿＿＿ がそれぞれ等しいから，

　　　　　　△ABC≡△CDA

合同条件のどれにあてはまるかな？

[答え] [ア] AB∥DC　[イ] AD∥BC
（[ア]と[イ]は逆でもよい）
[ウ] △ABC≡△CDA　[エ] △CDA
[オ] ∠BAC＝∠DCA
[カ] ∠BCA＝∠DAC　[キ] AC＝CA
[ク] 1組の辺とその両端の角

ゼッタイ！これだけ　●仮定と結論をはっきりさせたら，結論を導くために何が示せればよいか考える。

練習問題 →解答は別冊 p.17

百の計算

連立方程式

1次関数

平行と合同

三角形・四角形

確率と箱ひげ図

1 右の図で，△ABC≡△DCB のとき，
△ABE≡△DCE となります。次の
◻️をうめて，証明を完成させなさい。

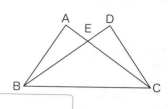

| 仮定 | [ア] |
| 結論 | [イ] |

証明 △ABE と [ウ] において，

△ABC≡△DCB より，

[エ] ……①

[オ] ……②

対頂角は等しいから，[カ] ……③

三角形の内角の和は 180°であるから，②，③より，
∠ABE＝180°－（∠BAE＋∠AEB）……④

∠DCE＝180°－（[キ]）……⑤

②，③，④，⑤より，[ク] ……⑥

①，②，⑥より，[ケ] がそれぞれ等しいので，

△ABE≡△DCE

> どうしても解けない場合は
> 三角形の合同条件へGO！ p.72

証明での共通な辺や角の利用

2 つの図形で共通する部分は，辺や角が等しいので，証明に使えます。
次の図で，合同の条件に使える共通な辺や角はどこでしょうか。

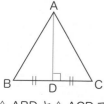

△ABD と△ACD で
辺 AD が共通

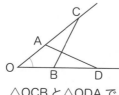

△OCB と△ODA で
∠O が共通

共通だから
同じ長さだね

おさらい問題

❶ 次の図で，$\ell /\!/ m$ のとき，$\angle x$ の大きさを求めなさい。

(1)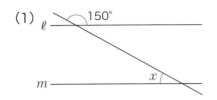

(2)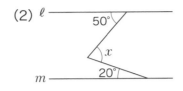

(3)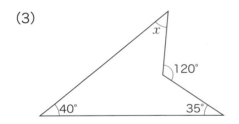

(4) 四角形 ABCD は長方形

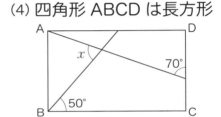

❷ 次の問いに答えなさい。

(1) 十二角形の内角の和を求めなさい。

(2) 正九角形の１つの内角の大きさを求めなさい。

(3) 右の図で，$\angle x$ の大きさを求めなさい。

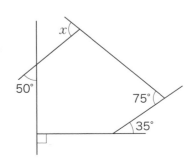

❸ 右の図は，△ABC の辺 BC，AC を
1 辺とする 2 つの正三角形△BCD，
ACE をかいたものです。これについて
次の問いに答えなさい。

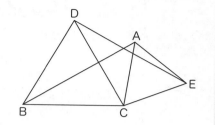

(1) 図の中で合同な三角形を答えなさい。

(2) (1)で答えた三角形の合同条件を答えなさい。

❹ 右の図の△ ABC において，AD＝AE，∠ADC
＝∠AEB のとき，△ACD≡△ABE となります。
次の□□□をうめて，証明を完成させなさい。

(仮定) ┌[ア]──────────────┐
       └──────────────┘

       ┌[イ]──────────────┐
       └──────────────┘

(結論) ┌[ウ]──────────────┐
       └──────────────┘

(証明) △ACD と△ABE において，

     仮定より， ┌[ア]──────────────┐……①
                └──────────────┘

              ┌[イ]──────────────┐……②
              └──────────────┘

     共通な角だから， ┌[エ]──────────────┐……③
                      └──────────────┘

     ①，②，③より，

     ┌[オ]──────────────────┐がそれぞれ等しいから，
     └──────────────────┘

          △ACD≡△ABE

式の計算

連立方程式

1次関数

平行と合同

三角形・四角形

確率と箱ひげ図

33 2つの辺が等しい三角形
二等辺三角形の性質

二等辺三角形の「2つの角は等しい」という性質を使うと，さらに多くの場面での証明ができるようになるよ。まずは，二等辺三角形の性質が正しいことを証明してみよう。

1 二等辺三角形の性質

二等辺三角形の2つの角は等しい。

これが大事！

記号で表すと，
△ABC において，
AB＝AC ならば∠B＝∠C
（仮定）　　　　（結論）

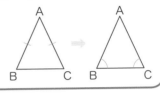

[証明] △ABC で，∠A の二等分線をひき，辺 BC との交点を D とする。

△ABD と△ACD において，
仮定より，AB＝AC　　…①
AD は∠A の二等分線なので
∠BAD＝∠CAD　　…②
また，AD は共通の辺　　…③
①，②，③より，2組の辺とその間の角がそれぞれ等しいので，△ABD≡△ACD
よって，対応する角は等しいので　∠B＝∠C　である。

二等辺三角形の性質は三角形の合同を使って，証明できるね。

AB＝AC である二等辺三角形 ABC で，等しい辺がつくる角∠A を**頂角**，頂角に対する辺 BC を**底辺**，底辺の両端の角∠B と∠C を**底角**という。

例 右の図で，BA＝BC ならば

∠ [ア]□ ＝∠ [イ]□

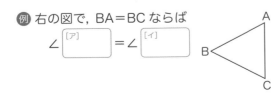

ゼッタイ！これだけ　●二等辺三角形の2つの底角は等しい。

答え [ア]A [イ]C

式の計算

連立方程式

1次関数

平行と合同

三角形・四角形

確率と箱ひげ図

練習問題 →解答は別冊 p.18

❶ 次の図で，∠x の大きさを求めなさい。

(1)

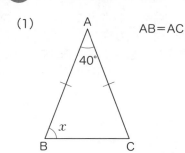

AB＝AC

∠x＝

(2)

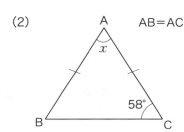

AB＝AC

∠x＝

(3)

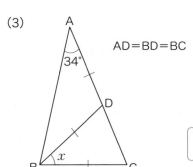

AD＝BD＝BC

宿題やった？

∠x＝

これも！プラス 定義と定理の違いは？

用語の意味をはっきり述べてるものを**定義**といいます。
二等辺三角形の定義は，「2 つの辺が等しい三角形を二等辺三角形
という。」です。

また，証明されたことがらのうち，基本となるものを**定理**といい
ます。
「二等辺三角形の底角は等しい。」は定理です。
二等辺三角形には，「二等辺三角形の頂角の二等分線は，底辺を垂直
に 2 等分する。」という定理もあります。

定理も証明の根拠に
使ってOKだよ

定理

34 逆ってどういうこと？

定理・逆

なぜ学ぶの？ あることがらが成り立つとしても，その仮定と結論を入れかえたもの（逆）が成り立つとは限らないよ。二等辺三角形の定理の逆が成り立つか，証明してみよう。また，成り立たない例を1つでも示せば，正しくないことが証明できるよ。

1 2角が等しい三角形

これが大事!

> **2つの角が等しい三角形は，二等辺三角形である。**
> △ABC において，
> ∠B＝∠C　ならば　AB＝AC
> （仮定）　　　　　　（結論）

証明 △ABC で，∠A の二等分線をひき，辺 BC との交点を D とする。
△ABD と△ACD において，
仮定より，∠B＝∠C　…①
AD は∠A の二等分線なので，
∠BAD＝∠CAD　…②
三角形の内角の和は 180°なので，①，②より，
∠ADB＝∠ADC　…③
また，AD は共通の辺　…④
②，③，④より，1組の辺とその両端の角がそれぞれ等しいので，
△ABD≡△ACD
よって，AB＝AC

> 33の定理の逆が成り立ったね。

2 逆とは

これが大事!

あることがらの仮定と結論を入れかえたものを，もとのことがらの**逆**という。上の二等辺三角形の定理は逆も成り立つが，逆はいつも正しいとは限らない。正しくないことをいうには，結論が成り立たない場合の例（**反例**という）を1つでも示せばよい。
「6の倍数は3の倍数である」の逆は「3の倍数は6の倍数である」で，正しくない。反例は，「9は3の倍数であるが，6の倍数ではない」など。

> **ゼッタイ！これだけ** ●正しくないことの証明は反例を1つ示す。

練習問題 →解答は別冊 p.18

❶ 次のことがらの逆を答えなさい。また，逆が正しいかどうかも答えなさい。

「△ABC と△DEF で，△ABC≡△DEF ならば　∠ABC＝∠DEF」

❷ 次のことがらの逆を答えなさい。また，逆が正しくない場合には，反例を 1 つ書きなさい。

(1) $a＝b$ ならば，$a×c＝b×c$ である。

(2) $3x＋5＝8$ ならば，$x＝1$ である。

(3) 四角形が正方形なら，4 つの角はすべて 90°である。

さ，ゲームしよ。

これも！プラス　正三角形の定義は？

正三角形の定義は，「3 つの辺がすべて等しい三角形」です。
正三角形は頂角が 60°の二等辺三角形であるといえるので，
正三角形は二等辺三角形の性質をあわせもちます。
「正三角形の 3 つの角はすべて等しい」は，次のように証明します。

正三角形 ABC において，
AB＝AC から，∠B＝∠C
BC＝BA から，∠C＝∠A
よって，∠A＝∠B＝∠C　より，正三角形の 3 つの角はすべて等しい。

正三角形には
二等辺三角形の
定理があてはまるよ

式と論算

連立方程式

1 次関数

平行と合同

三角形・四角形

確率と箱ひげ図

35 直角三角形の合同条件は特別だよ

直角三角形の合同条件

なぜ学ぶの?

直角三角形は, 1つの角が90°と決まっているから, 他の三角形より少ない条件で合同かどうかがわかるんだよ。証明で使える根拠がさらに増やせるね。どんな場合に合同になるか, 考えてみよう。

1 直角三角形の合同条件

90°より大きい角を鈍角(どんかく), 90°より小さい角を鋭角(えいかく)という。
直角三角形で, 直角に対する辺を斜辺(しゃへん)という。
2つの直角三角形は, 次のいずれか1つが成り立てば合同である。

① 斜辺と1つの鋭角がそれぞれ等しい。

これが大事!

△ABC と△A′B′C′ において
∠C=∠C′=90°
AB=A′B′(斜辺)
∠B=∠B′(1つの鋭角)
ならば
△ABC≡△A′B′C′

斜辺が等しいことが重要だね。

② 斜辺と他の1辺がそれぞれ等しい。

これが大事!

△ABCと△A′B′C′において
∠C=∠C′=90°
AB=A′B′(斜辺)
AC=A′C′(他の1辺)
ならば
△ABC≡△A′B′C′

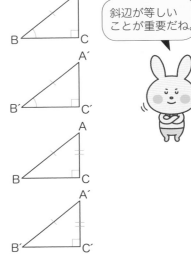

例 右の2つの直角三角形は, AC=ED のほかに, 次の①〜④のどれか1つが成り立てば合同といえます。

① ∠A= [ア]　　② ∠C= [イ]

③ AB= [ウ]　　④ BC= [エ]

ゼッタイ これだけ

直角三角形の合同条件
● 斜辺と1つの鋭角が等しい。
● 斜辺と他の1辺が等しい。

答え [ア]∠E [イ]∠D [ウ]EF [エ]FD

練習問題 →解答は別冊 p.19

1 ∠AOB の二等分線上の点 P から，2 辺 OA，OB に垂線をひき，OA，OB との交点をそれぞれ C，D とすると，

　　　　PC＝PD

であることを，次のように証明しました。□ をうめて，証明を完成させなさい。

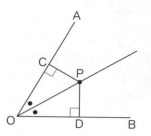

[証明]　△PCO と [ア]□ において，

　　　仮定より，　∠POC＝[イ]□　　…①

　　　　　　　　　∠PCO＝[ウ]□　＝90°…②

　　　また，辺 PO は共通な辺　　　　…③

　　　①，②，③より，[エ]□ が

　　　それぞれ等しいので，

　　　　　[オ]□ ≡△PDO

　　　よって，対応する [カ]□ が等しいので，

　　　　　PC＝[キ]□

まあまあできたかな。

これも！プラス　直角三角形の合同条件の証明

直角三角形の合同条件① 「斜辺と 1 つの鋭角がそれぞれ等しい」について，証明してみましょう。

　　△ABC と△A′B′C′ において，∠C＝∠C′＝90°
　　仮定から，AB＝A′B′　……①
　　　　　　∠B＝∠B′　……②
　　また，∠A＝180°−(∠B＋90°)＝90°−∠B　……③
　　　　　∠A′＝180°−(∠B′＋90°)＝90°−∠B′　……④
　　②，③，④より，∠A＝∠A′……⑤
　　①，②，⑤から，1 組の辺とその両端の角がそれぞれ等しいから，
　　　　△ABC≡△A′B′C′

三角形の合同条件で証明できるんだね

36 平行四辺形の性質を覚えよう

平行四辺形

なぜ学ぶの?

平行四辺形は，向かい合う辺がそれぞれ平行な四角形のことだったね。平行四辺形の性質を使えば，いろいろな図形の証明ができるようになるよ。

1 平行四辺形の定義

これが大事！

2組の向かい合う辺がそれぞれ平行な四角形

2 平行四辺形の性質

これが大事！

平行四辺形には，次の3つの性質がある。

① 2組の向かい合う辺は，それぞれ等しい。

四角形 ABCD において，
AB∥DC
AD∥BC ならば AB＝DC
AD＝BC

平行四辺形の性質は3つともしっかり覚えておこう

② 2組の向かい合う角は，それぞれ等しい。

四角形 ABCD において，
AB∥DC
AD∥BC ならば ∠A＝∠C
∠B＝∠D

③ 2つの対角線は，それぞれの中点で交わる。

四角形 ABCD において，
AB∥DC
AD∥BC ならば AO＝CO
BO＝DO

例 右の四角形が平行四辺形のとき，長さの等しい辺は，

辺 AD と辺 [ア]　，　辺 AB と辺 [イ]　。

∠A と∠ [ウ]　，

∠B と∠ [エ]　，

の大きさが等しいので，
∠A＝120°のとき，

∠B＝ [オ]　。

ゼッタイ！
これだけ

平行四辺形の性質

● 2組の向かい合う辺は，それぞれ等しい。
● 2組の向かい合う角は，それぞれ等しい。
● 対角線は，それぞれの中点で交わる。

答え [ア]BC [イ]DC [ウ]C
[エ]D [オ]60

練習問題 →解答は別冊 p.19

1 「平行四辺形の,2組の向かい合う辺は,それぞれ等しい」ことを,次のように証明しました。◻をうめて証明を完成させなさい。

【証明】 証明したいことがらを記号を使って表すと,
「四角形 ABCD において,

AB∥DC
AD∥BC
（仮定）
ならば
AB＝DC
AD＝BC
（結論）」

◻ABCD の対角線 AC をひく。

△ABC と△CDA において,

AB∥DC より,錯角が等しいので,

∠BAC＝[ア]◻ …①

同様に,AD∥BC より,

∠ACB＝[イ]◻ …②

また,辺[ウ]◻ は共通の辺 …③

①,②,③より,[エ]◻

がそれぞれ等しいので, △ABC≡[オ]◻

よって, AB＝[カ]◻ , AD＝[キ]◻

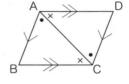

どうしても解けない場合は
三角形の合同条件へGO! p.72

これも！プラス ## 平行四辺形になるための条件

四角形は,次のうち1つが成り立てば,平行四辺形です。

① 2組の向かい合う辺が,それぞれ平行である。(定義)
② 2組の向かい合う辺が,それぞれ等しい。
③ 2組の向かい合う角が,それぞれ等しい。
④ 2つの対角線が,それぞれの中点で交わる。
⑤ 1組の向かい合う辺が,平行で長さが等しい。

… 平行四辺形の
性質の逆

平行四辺形の
性質も逆が
成り立つんだね

37 特別な平行四辺形って何？

長方形, ひし形, 正方形

なぜ学ぶの?

長方形やひし形, 正方形は, それぞれ平行四辺形にある条件を加えた, 特別な平行四辺形だよ。長方形やひし形, 正方形の性質を使えば, 図形の角度や長さを求めたり, 証明問題に活用できたりするよ。

1 特別な平行四辺形についての定義, 性質

これが大事!

長方形…[定義] ４つの角がすべて等しい四角形。
　　　　[性質] 対角線は長さが等しい。

ひし形…[定義] ４つの辺がすべて等しい四角形。
　　　　[性質] 対角線は垂直に交わる。

正方形…[定義] ４つの角がすべて等しく,
　　　　　　　　４つの辺がすべて等しい四角形。
　　　　[性質] 対角線は長さが等しく, 垂直に交わる。

それぞれの性質は, 逆も成り立つ。

> 長方形もひし形も正方形も平行四辺形の一種なんだね。

2 平行四辺形・長方形・ひし形・正方形の関係

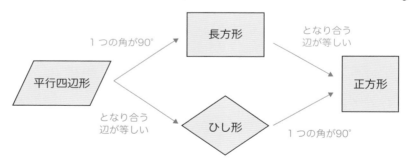

例 平行四辺形 ABCD は,

∠A＝∠B のとき, [ア]□ になる。

AB＝BC のとき, [イ]□ になる。

∠A＝∠B, AB＝BC のとき,

[ウ]□ になる。

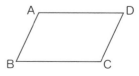

●長方形・ひし形・正方形は平行四辺形の性質をあわせもつ。

答え [ア] 長方形 [イ] ひし形 [ウ] 正方形

❶ 平行四辺形 ABCD に，次のような条件を加えると，それぞれどのような四角形になりますか。

(1) AC＝BD

(2) AC⊥BD

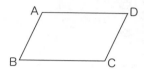

(3) AD＝CD

(4) ∠C＝90°，AB＝BC

❷ 次の文章の中で，正しい記述をすべて選び，番号で答えなさい。

① ひし形の4つの角は等しい。

② 長方形の対角線は垂直に交わる。

③ 正方形の対角線は垂直に交わる。

④ 4つの辺がすべて等しい四角形は正方形だけである。

間違えても OK！
失敗は成功のもと！

どうしても解けない場合は
平行四辺形へGO！ p.86

これも！プラス

ひし形の対角線が垂直に交わることの証明

右の図のひし形で，△ABO と△ADO において，
ひし形は平行四辺形であるから， BO＝DO ……①
ひし形の定義より， AB＝AD ……②
共通な辺であるから， AO＝AO ……③
①，②，③より，3組の辺がそれぞれ等しいから，△ABO≡△ADO
よって，∠AOB＋∠AOD＝180°より，∠AOB＝∠AOD＝90°
したがって，AC⊥BD

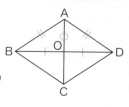

38 面積が等しい図形
平行線と面積

なぜ学ぶの？

2つの三角形は，底辺と高さが等しければ同じ面積になるね。このことを利用すると，もとの図形を変形して，等しい面積の三角形や四角形をつくることができるよ。これも証明問題などに使えるんだ。

---

1 平行線と面積

これが大事！ 右の図で，

AA′∥BC

ならば

△ABC＝△A′BC

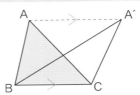

平行な2直線間の距離が等しいことを利用するんだね。

証明　△ABC と△A′BC において，

底辺 BC が共通である。　…①

AA′∥BC より，

高さが等しい。　　　　…②

三角形の面積は，(底辺)×(高さ)÷2　なので，

①，②より，

△ABC＝△A′BC

注意　＝は面積が等しいことを表す。

例 右の図の平行四辺形 ABCD において，
AC∥EF のとき，△ABE と面積の等しい
三角形はどれでしょう。

まず，AD∥BC より，△[ア]□□□ が等しい。

さらに，AC∥EF より△[ア]□□□ と△[イ]□□□ の面積が等しい。

さらに，AB∥DC より△[イ]□□□ と△[ウ]□□□ の面積が等しい。

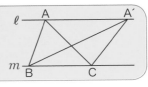

ゼッタイ！これだけ

●右の図で，ℓ∥m
ならば，
△ABC＝△A′BC

答え [ア]ACE　[イ]ACF　[ウ]BCF

練習問題 →解答は別冊 p.19

1 次の図のように，平行四辺形 ABCD の対角線 AC，BD をひきます。このとき，△ABC と面積の等しい三角形をすべて答えなさい。

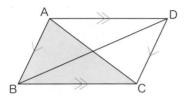

2 次の図の四角形 ABCD と面積の等しい三角形 ABE をかきなさい。ただし，点 E は BC の延長線上にとるものとします。

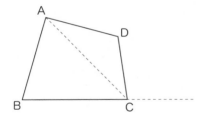

次のページもやろっかな。

境界線をまっすぐひきなおそう

右の図のような折れ線 EFG を境界線とする土地⑦，⑦があります。それぞれの土地の面積を変えずに境界線をまっすぐにひきなおしてみましょう。

点 F を通り，EG に平行な直線と BC との交点を P として，E と P を結ぶと，EG∥FP より，△EFG＝△EPG となります。
よって，境界線を EP とすればよいとわかります。

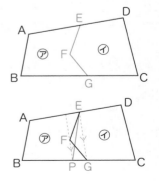

式の計算

連立方程式

1次関数

平行と合同

三角形・四角形

確率と箱ひげ図

おさらい問題

❶ 下の図で，同じ印をつけた辺の長さが等しいとき，∠x の大きさを求めなさい。

(1)

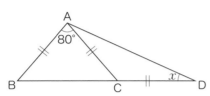

(2) ∠ACB＝100°

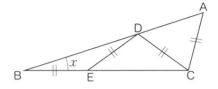

❷ 下の図は，長方形 ABCD を，AC を折り目として折り返して，点 B が移った点を B′としたものです。
辺 AD と B′C の交点を E とするとき，△AEB′≡△CED となることを証明しなさい。

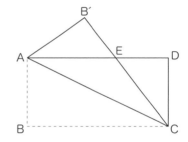

❸ 次の①から⑤のうち，四角形 ABCD が必ず平行四辺形になるものの番号を答えなさい。

① AB∥DC，AB＝DC である四角形 ABCD
② AB∥DC，AD＝BC である四角形 ABCD
③ AB∥DC，∠A＝∠C である四角形 ABCD
④ AB∥DC，∠A＝∠D である四角形 ABCD
⑤ ∠A＝∠B＝∠C＝∠D

4 次の図の平行四辺形で，∠x の大きさを求めなさい。

(1)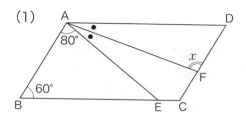

(2)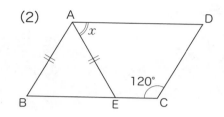

5 右の図は，平行四辺形 ABCD の対角
線の交点を O として，線分 OA，OC
上に AE＝CF となる点 E，F をとっ
たものです。このとき，四角形 EBFD
は何という四角形になりますか。理
由も説明しなさい。

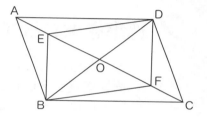

6 下の図で，半直線 BC 上に点 E をとり，四角形 ABCD と等しい面
積の△ABE をかきなさい。

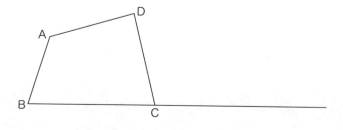

ＨＣ①ɪdᴄ

連立方程式

１次関数

平行と合同

三角形・四角形

確率と箱ひげ図

39 ことがらの起こりやすさを数で表そう

確率

なぜ学ぶの?

あることがらがどの程度起こりやすいか, **確率**がわかると, いろいろと役に立つよ。天気予報で, その日の降水確率を見てカサを持っていくかどうか決めたりするね。

1 確率とは?

確率とは, 多数回の実験結果や多くのデータをもとにして, そのことがらの起こりやすさを, 割合を示す数で表したものである。

2 確率を求める式

どの場合が起こることも同じ程度であると考えられるとき,
同様に確からしいという。
同様に確からしいときは, 確率を次の式で求めることができる。

これが大事!

$$\left(\begin{array}{c}\text{あることがらの}\\\text{起こる確率}\end{array}\right) = \frac{(\text{そのことがらの起こる場合の数})}{(\text{起こり得るすべての場合の数})}$$

確率は計算で求めることができるんだね。

例 さいころを 1 回投げて, 5 の目が出る確率は,

$$\frac{(5 \text{ の目が出る場合の数:} 1 \text{ 通り})}{(1 \sim 6 \text{ の目が出るすべての場合の数:} 6 \text{ 通り})} = \frac{1}{6}$$

例 さいころを 1 回投げて, 3 の倍数が出る確率を求めましょう。

起こり得るすべての場合の数は 1 から 6 の目の [ア]□ 通り,

3 の倍数が出る場合の数は [イ]□ の目と [ウ]□ の目の 2 通りだから,

求める確率は [エ]□

答え [ア] 6 [イ] 3
[ウ] 6 ([イ] と [ウ]
は逆でもよい)
[エ] $\frac{1}{3}$

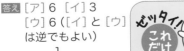

ゼッタイ！これだけ

どの場合が起こることも同様に確からしいとき,

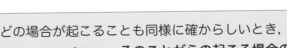

● あることがらの 起こる確率 = そのことがらの起こる場合の数 / 起こり得るすべての場合の数

練習問題 →解答は別冊 p.21

❶ さいころを 1 回投げるとき，次の確率を求めなさい。

(1) 1 の目が出る確率

(2) 偶数の目が出る確率

❷ 赤玉が 1 つ，白玉が 2 つ，黄玉が 3 つ入っている袋があります。この袋の中から 1 個の玉を取り出すとき，次の確率を求めなさい。

(1) 白玉である確率

(2) 赤玉または黄玉である確率

❸ ジョーカーを除く 52 枚のトランプから 1 枚を引くとき，次の確率を求めなさい。

(1) カードのマークが♥である確率

(2) カードの数が 7 である確率

よし，いける！

 確率の値の範囲は0以上1以下

さいころを 1 回投げたとき，8 の目が出る確率は？

→ 8 の目は決して出ないから，$\dfrac{0}{6}=0$

さいころを 1 回投げたとき，1 から 6 のいずれかの目がでる確率は？

→必ず 1 から 6 までの目が出るから，$\dfrac{6}{6}=1$

決して起こらないことがらの確率は 0，必ず起こることがらの確率は 1 になります。確率が負の数や 1 より大きい値になることはありません。

8は
ないよ…

40 図をかいて確率を求めてみよう
確率の求め方①

なぜ学ぶの？

求めることがらが起こる場合が何通りあるかは，慎重に数えないと，ダブって数えたり，数え忘れたりしやすいね。**樹形図**に表すと，数えまちがいが減らせて，見直しもしやすいよ。

1 樹形図を使って確率を求める

これが大事！ 2枚の硬貨を同時に投げるとき，2枚とも表である確率を求める。

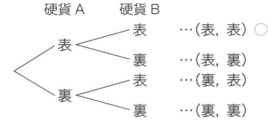

```
硬貨A      硬貨B
            表     …（表，表）○
      表
            裏     …（表，裏）
            表     …（裏，表）
      裏
            裏     …（裏，裏）
```

すべての場合をかいた樹形図から，求めることがらを探して数えればいいね。

場合の数を調べる方法の1つに，上のような図をかく方法がある。
このような図を，その形から**樹形図**という。

上の樹形図から，2枚とも表である確率は，$\dfrac{1}{4}$

例 4枚のカード 1，2，3，4 があります。このカードから同時に2枚取り出すとき，取り出したカードの数の和が偶数になる確率を求めましょう。
2枚の取り出し方は下の樹形図より，

```
      2
1     3        2 ┌ [ア]        3 ── [ウ]     の6通り，
      4          └ [イ]
```

そのうち，取り出したカードの数の和が偶数になるのは [エ]　　　通りあるから，

求める確率は [オ]

ゼッタイ！これだけ ●まず，起こり得るすべての場合を樹形図にかく。

答え [ア]3 [イ]4 [ウ]4 [エ]2 [オ] $\dfrac{1}{3}$

練習問題 →解答は別冊 p.22

① 3枚の硬貨を同時に投げるとき，次の確率を求めなさい。また，樹形図もかきなさい。

(1) 3枚とも表

(2) 2枚が表で1枚が裏

〈樹形図〉　硬貨A　　　硬貨B　　　硬貨C

② 当たりが1本，はずれが2本入っているくじがあります。このくじをAさんが先に引き，Bさんが次に引くとき，Aさん，Bさんの当たる確率をそれぞれ求めなさい。ただし，引いたくじは，もとにもどさないものとします。

次こそカンペキをめざす！

Aさん：
Bさん：

どうしても解けない場合は
確率へGO！　p.94

これも！プラス 組み合わせと並べ方の違いに気をつけよう！

A, B, C, Dの4人から班長1人と副班長1人を選ぶとき，2人の選び方は右の樹形図①より，12通りあります。
A, B, C, Dの4人から2人の代表を選ぶとき，代表の2人に区別はないのでA−BとB−Aは同じであることに注意すると，樹形図は②のようになり，6通りです。
樹形図①で同じ組み合わせを2回以上数えているもの（★がついているもの）を除くと樹形図②になります。
このように，すべての場合を考えるときは，(AとB) と (BとA) を区別するかしないかに注意します。

素の計算
連立方程式
1次関数
平行と合同
三角形・四角形
確率と箱ひげ図

41 表を使って確率を求めてみよう

確率の求め方②

なぜ学ぶの？

さいころの目の数の和や差，積，商などについての確率を求めるときは，樹形図よりも表を書いたほうがわかりやすいよ。実際に表を書いて確率を求めてみよう。

1 表を使って求める

これが大事！

[例題] 大小2つのさいころを同時に投げるとき，出る目の和が5になる確率は？

[解き方] 出る目の和を表にすると，

> 表にして，印をつけておくとわかりやすいね。

大\小	1	2	3	4	5	6
1	2	3	4	⑤	6	7
2	3	4	⑤	6	7	8
3	4	⑤	6	7	8	9
4	⑤	6	7	8	9	10
5	6	7	8	9	10	11
6	7	8	9	10	11	12

したがって，出る目の和が5になる確率は，

$$\frac{4}{36} = \frac{1}{9}$$

樹形図でも求められるが，このような表にすると，求める場合が探しやすくなる。

例 大小2つのさいころを同時に投げるとき，出る目の和が8になる場合は，上の表から，(大, 小) が，

(2, 6), (3, 5), ([ア]　　　), ([イ]　　　), ([ウ]　　　)

の [エ]　　　 通りあるから，求める確率は， [オ]　　　

答え [ア] 4, 4 [イ] 5, 3 [ウ] 6, 2
　　　 [エ] 5 [オ] $\frac{5}{36}$

ゼッタイ！これだけ
● まず起こり得るすべての場合を表にまとめて，求める場合の数を数える。

練習問題 →解答は別冊 p.22

① 大小 2 つのさいころを同時に投げるとき，出る目の和について，次の問いに答えなさい。また，表も完成させなさい。

小＼大	1	2	3	4	5	6
1						
2						
3						
4						
5						
6						

(1) 出る目の和が 4 以下になる確率を求めなさい。

(2) 出る目の和が 5 の倍数になる確率を求めなさい。

(3) 確率がもっとも大きいのは，出る目の和がいくつになる場合か答えなさい。

 明日はテストだー。

どうしても解けない場合は確率へGO！ p.94

これも！プラス あることがらが起こらない確率

ことがら A が起こる確率が p のとき，A が起こらない確率は $1-p$ です。大小 2 つのさいころを同時に投げて，出る目の和が 5 になる確率は，左ページより $\dfrac{4}{36} = \dfrac{1}{9}$
したがって，大小 2 つのさいころを同時に投げて，出る目の和が 5 以外になる確率は，$1 - \dfrac{1}{9} = \dfrac{8}{9}$
このように，和が 5 以外になる場合の数をすべて数えなくても，確率を求めることができます。

起こり得るすべての確率をあわせると
A が起こる
A が起こらない
1 だね！
起こるかもしれないし
起こらないかもしれない…

42 四分位数・箱ひげ図って何?

四分位数と箱ひげ図

なぜ学ぶの?

データを分析するときに, 中央値, 最大値, 最小値などが, 見てすぐにわかるといいね。データを**箱ひげ図**に表すことで, それができるようになるよ。

1 箱ひげ図と四分位数

これが大事!

データの値を小さい順に並べて4等分したときの, 3つの区切りの位置にくる値を**四分位数**という。
データの中央値を**第2四分位数**, 前半部分の中央値を**第1四分位数**, 後半部分の中央値を**第3四分位数**という。
これらと最小値, 最大値を1つの図に表したものを**箱ひげ図**という。箱の長さを**四分位範囲**という。

(四分位範囲)=(第3四分位数)-(第1四分位数)

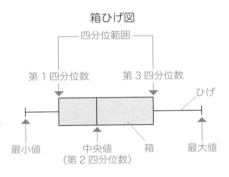

箱ひげ図

これが大事!

(1) データが偶数個のとき, 中央値は真ん中2つの平均値

前半   後半
4, 4, 5, 6, 6, 7, 7, 7, 8, 9
第1四分位数 第2四分位数 第3四分位数
       (中央値)

$$\frac{6+7}{2}=6.5$$

> データの数によって四分位数の求め方が変わるよね。

これが大事!

(2) データが奇数個のとき, 中央値は真ん中のデータの値

前半   後半
4, 4, 5, 6, 6, 7, 7, 7, 8, 9, 9
第1四分位数 第2四分位数 第3四分位数
       (中央値)

例 上の (1) のデータで, 最小値は, [ア]□□□, 最大値は [イ]□□□,

四分位範囲は [ウ]□□ - [エ]□□ = [オ]□□

ゼッタイ これだけ
●四分位数は, データを小さい順に並べかえて四等分した区切りの値。

答え [ア]4 [イ]9 [ウ]7 [エ]5 [オ]2

練習問題 →解答は別冊 p.22

❶ 次のデータは，生徒 **10** 人が先週 **1** 週間に読んだ本の冊数です。下の問いに答えなさい。

4　6　3　1　2　7　4　1　0　3　（冊）

(1) データの範囲は何冊ですか。

(2) 第 2 四分位数は何冊ですか。

(3) 第 1 四分位数は何冊ですか。

(4) 第 3 四分位数は何冊ですか。

ラストスパート！

(5) 四分位範囲は何冊ですか。

これも！プラス **第1四分位数，第3四分位数に注意！**

あるクラスの 13 人の通学時間が次のようなとき，

6　12　14　17　7　3　16　9　18　15　4　15　4　（分）

小さい順に並べると，

3　4　4 │ 6　7　9　⑫　14　15　15 │ 16　17　18

中央値は 12，第 1 四分位数は 12 を除いた前半 6 個のデータの中央値なので，$\dfrac{4+6}{2}=5$ になります。

中央値をふくめて前半 7 個の真ん中だから 6，としないように注意しましょう。

同様に，第 3 四分位数は 12 を除いた後半 6 個のデータの中央値なので，$\dfrac{15+16}{2}=15.5$ です。

中央値は使わず求めるよ

43 箱ひげ図をかいてみよう
箱ひげ図

なぜ学ぶの？

箱ひげ図の表しているものがわかったら，実際に図をかいてみよう。
箱ひげ図は，データのちらばりのようすを見たり，複数のデータのちらばり
のようすを比べたりするのに便利だよ。

1 箱ひげ図のかき方

データ　2，2，3，4，4，5，5，5，6，7　の箱ひげ図をかく。
第1四分位数は，前半の5個のデータの中央値。
第3四分位数は，後半の5個のデータの中央値。

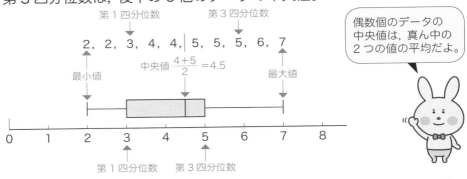

偶数個のデータの
中央値は，真ん中の
2つの値の平均だよ。

例 3，4，4，6，7，8，8，9，10　のデータについて，中央値は [ア]　，

第1四分位数は [イ]　，第3四分位数は [ウ]　，四分位範囲は [エ]

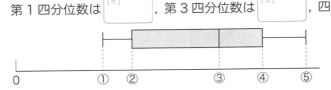

図のそれぞれの値は，

① 　，② 　，③ 　，④ 　，⑤

答え [ア] 7 [イ] 4
[ウ] 8.5 [エ] 4.5
①3 ②4 ③7
④8.5 ⑤10

箱ひげ図のかき方

●箱の長さは第1四分位数から第3四分位数まで。
●ひげの両端は最小値，最大値。
●箱に中央値を入れる。

練習問題 →解答は別冊 p.23

1 次のデータは，2年1組の9人の，10点満点であるテストの結果です。

4　5　7　8　6　10　8　7　3（点）

これについて，箱ひげ図を右の例にならってかきなさい。

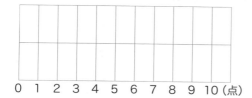

0 1 2 3 4 5 6 7 8 9 10 (点)

(例)

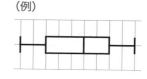

2 右の図はAグループとBグループの10人ずつで行ったハンドボール投げの記録を箱ひげ図に表したものです。次の問いに答えなさい。ただし，距離は1m単位で測定しています。

(1) それぞれの四分位範囲を答えなさい。

A ☐ m　B ☐ m

(2) 次の①から③で，正しいものには○を，正しくないものには×を書きなさい。

①第1四分位数は，Aグループのほうが大きい。

（　　　　）

②23m以下の人数は，Aグループのほうが多い。

（　　　　）

③中央値以上の人数は，Bグループのほうが多い。

（　　　　）

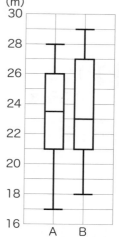

たいへんよくがんばりました

どうしても解けない場合は
四分位数と箱ひげ図へGO! p.100

これも！プラス **箱ひげ図の利点**

四分位範囲は，データの中央付近にほぼ半分がふくまれているので，データの中に極端に大きな値や極端に小さな値があっても，ほとんど影響を受けません。また，複数のデータを上の**2**のように表して比べることができます。

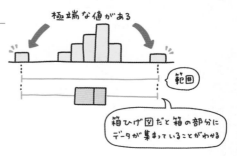

極端な値がある
範囲
箱ひげ図だと箱の部分にデータが集まっていることがわかる

103

おさらい問題

❶ 赤玉2個，白玉3個，青玉4個が入っている袋から玉を1個取り出すとき，次の確率を求めなさい。

(1) 取り出した玉が赤玉である確率

(2) 赤玉または青玉である確率

❷ 1，2，3，4，5の5枚のカードから2枚を選ぶとき，次の問いに答えなさい。

(1) 2枚の組み合わせは何通りできますか。

(2) 1枚ずつ選ぶとき，最初に選んだカードを十の位，次に選んだカードを一の位とする2けたの整数が34以上になる確率を求めなさい。

❸ A，B，Cの3人でじゃんけんをするとき，Aだけが勝つ確率を求めなさい。

❹ 大小 2 個のさいころを投げるとき，次の確率を求めなさい。

(1) 2 個とも 1 が出る確率

(2) 少なくとも 1 個は 4 が出る確率

(3) 2 個の目の和が 8 以上である確率

❺ 次のデータは 1 組の生徒 20 人が，バスケットボールのフリースローを 10 回ずつ行って，成功した回数を表しています。これについて，下の問いに答えなさい。

```
7  7  3  2  3  5  1  4  4  3
8  5  0  3  2  6  2  1  5  8 (回)
```

(1) 中央値を求めなさい。　　　　(2) 第 1 四分位数を求めなさい。

(3) 第 3 四分位数を求めなさい。　(4) 四分位範囲を求めなさい。

(5) 箱ひげ図をかきなさい。

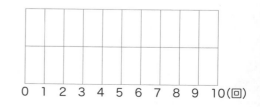

0　1　2　3　4　5　6　7　8　9　10(回)

式の計算

連立方程式

1 次関数

平行と合同

三角形・四角形

確率と箱ひげ図

MEMO

MEMO

とってもやさしい

中2数学

これさえあれば

授業がわかる

三訂版

解答と
解説

旺文社

1章
式の計算

1 単項式・多項式って何？

→ 本冊9ページ

❶ (1) $4a$, 3 　(2) x, $-2y$
　 (3) a^2, $-4ab$, $3b^2$
　 (4) x^2, $-8x$, 7

解説

(2)～(4) の式をたし算の式になおすと，
(2) $x+(-2y)$
(3) $a^2+(-4ab)+3b^2$
(4) $x^2+(-8x)+7$

❷ (1) 1(次式)　(2) 2(次式)
　 (3) 1(次式)　(4) 3(次式)

解説

項の次数は，かけ合わされている文字の個数です。
式の次数は，各項の次数のうち，最も大きいもの
になります。
(1) 文字は x が 1 個だけです。
(2) $x^2=x\times x$ だから，文字は x が 2 個です。
(3) かけ合わされている文字の個数は，x が 1 個，
　 y も 1 個なので，式の次数は 1 です。
(4) $x^2y=x\times x\times y$ なので 3 次式です。

2 文字が同じ項をまとめよう

→ 本冊11ページ

❶ (1) $7x$ と $-3x$，$-4y$ と $5y$
　 (2) a^2 と $-6a^2$，$-2a$ と $8a$
　 (3) $2x^2$ と $-x^2$，3 と 5
　 (4) $3xy$ と xy，$2x$ と $-5x$

解説

文字の部分が同じ項を同類項といいます。
(1) $7x-4y-3x+5y$
　 $=7x+(-4y)+(-3x)+5y$
　 同類項は符号もふくめて答えます。

(2) a^2 は $a\times a$ なので，a とは次数が異なり，同
　 類項ではありません。
　 $a^2-2a+8a-6a^2$
　 $=a^2+(-2a)+8a+(-6a^2)$
(3) $2x^2+3-4x+5-x^2$
　 $=2x^2+3+(-4x)+5+(-x^2)$
　 3 と 5 は文字の項がない同類項になります。

❷ (1) $3a-4b$　(2) $-12x$
　 (3) $6a^2-b$　(4) $10x^2-5x$

解説

(1) $a-b+2a-3b$
　 $=a+2a-b-3b$
　 $=(a+2a)+(-b-3b)$
　 $=(1+2)a+(-1-3)b$
　 $=3a-4b$
(2) $-6x+y-6x-y$
　 $=-6x-6x+y-y$
　 $=(-6-6)x+(1-1)y$
　 $=-12x$
(3) $8a^2-5b-2a^2+4b$
　 $=8a^2-2a^2-5b+4b$
　 $=(8-2)a^2+(-5+4)b$
　 $=6a^2-b$
(4) $3x^2+4x+7x^2-9x$
　 $=3x^2+7x^2+4x-9x$
　 $=(3+7)x^2+(4-9)x$
　 $=10x^2-5x$

3 多項式のたし算・ひき算

→ 本冊13ページ

❶ (1) $3x+5y$　(2) $3x^2-x$
　 (3) $-3a-7b-5$

解説

多項式のたし算は，( ) と＋をとって計算します。
(1) $(x+2y)+(2x+3y)$
　 $=x+2y+2x+3y$
　 $=x+2x+2y+3y$
　 $=(1+2)x+(2+3)y$
　 $=3x+5y$
(2) $(4x^2-3x)+(-x^2+2x)$
　 $=4x^2-3x-x^2+2x$
　 $=4x^2-x^2-3x+2x$

$$=(4-1)x^2+(-3+2)x$$
$$=3x^2-x$$

(3) $(2a-b+3)+(-5a-6b-8)$
$$=2a-b+3-5a-6b-8$$
$$=2a-5a-b-6b+3-8$$
$$=(2-5)a+(-1-6)b+3-8$$
$$=-3a-7b-5$$

❷ (1) $a+3b$　(2) $6x^2-7x$
　(3) $4x+9y-5$

【解説】

多項式のひき算は，ひく式の各項の符号をかえ，
たし算になおして計算します。

(1) $(3a+4b)-(2a+b)$
$$=3a+4b-2a-b$$
$$=3a-2a+4b-b$$
$$=(3-2)a+(4-1)b$$
$$=a+3b$$

(2) $(5x^2-3x)-(-x^2+4x)$
$$=5x^2-3x+x^2-4x$$
$$=5x^2+x^2-3x-4x$$
$$=(5+1)x^2+(-3-4)x$$
$$=6x^2-7x$$

(3) $(-2x+8y-3)-(-6x-y+2)$
$$=-2x+8y-3+6x+y-2$$
$$=-2x+6x+8y+y-3-2$$
$$=(-2+6)x+(8+1)y-5$$
$$=4x+9y-5$$

4　数と多項式のかけ算・わり算

→ 本冊 15ページ

❶ (1) $8a+4b$　(2) $10x-5y$
　(3) $-10x-12y$　(4) $-1.2x-2y$
　(5) $-3x+2y$　(6) $\dfrac{2}{3}a-\dfrac{1}{6}b$
　(7) $-\dfrac{1}{2}x+2y$　(8) $9x+21y$

【解説】

数×(多項式)は，分配法則を使って，数を(　)
内のすべての項にかけます。

(1) $4(2a+b)=4\times2a+4\times b$
$$=8a+4b$$

(2) $5(2x-y)=5\times2x+5\times(-y)$
$$=10x-5y$$

(3) $-2(5x+6y)$
$$=-2\times5x+(-2)\times6y$$
$$=-10x-12y$$

(4) $0.4(-3x-5y)$
$$=0.4\times(-3x)+0.4\times(-5y)$$
$$=-1.2x-2y$$

(多項式)÷数は，分数にするか，逆数をかけ
るかけ算にして計算します。

(5) $(-9x+6y)\div3=-\dfrac{9}{3}x+\dfrac{6}{3}y$
$$=-3x+2y$$

(6) $(4a-b)\div6=\dfrac{4}{6}a-\dfrac{1}{6}b$
$$=\dfrac{2}{3}a-\dfrac{1}{6}b$$

(7) $(2x-8y)\div(-4)=-\dfrac{2}{4}x-\left(-\dfrac{8}{4}y\right)$
$$=-\dfrac{1}{2}x+2y$$

(8) $(3x+7y)\div\dfrac{1}{3}=(3x+7y)\times3$
$$=9x+21y$$

**5　かっこや分数をふくむ式の
たし算・ひき算**

→ 本冊 17ページ

❶ (1) $11a-7b$　(2) $5x+7y$
　(3) $\dfrac{3a+5b}{4}$　(4) $\dfrac{7x-9y}{18}$

【解説】

かっこのある式は，分配法則を使ってそれぞれ
のかっこをはずし，同類項をまとめます。

(1) $5(a-2b)+3(2a+b)$
$$=5a-10b+6a+3b$$
$$=5a+6a-10b+3b$$
$$=11a-7b$$

(2) $4(x+2y)-(-x+y)$
$$=4x+8y+x-y$$
$$=4x+x+8y-y$$
$$=5x+7y$$

分数型の多項式の計算は，通分して，分子を計算
します。

(3) $\dfrac{a+3b}{2}+\dfrac{a-b}{4}$

3

$$= \frac{2(a+3b)}{4} + \frac{a-b}{4}$$

$$= \frac{2a+6b}{4} + \frac{a-b}{4}$$

$$= \frac{3a+5b}{4}$$

(4) $\dfrac{5x-y}{6} - \dfrac{4x+3y}{9}$

$$= \frac{3(5x-y)}{18} - \frac{2(4x+3y)}{18}$$

$$= \frac{15x-3y}{18} - \frac{8x+6y}{18}$$

$$= \frac{15x-3y-8x-6y}{18}$$

$$= \frac{7x-9y}{18}$$

6 単項式どうしのかけ算やわり算

→ 本冊 19ページ

❶ (1) $-10xy$　(2) $-12a^2b$
　(3) $2a$　(4) $\dfrac{2x}{y}$　(5) $2a^2$
　(6) $-2y^2$　(7) $-4x^2$

解説

単項式のかけ算やわり算は数どうし，文字どうしを計算します。

(1) $(-5x) \times 2y = -5 \times 2 \times x \times y$
$$= -10xy$$

(2) $3a \times (-4ab)$
$$= 3 \times (-4) \times a \times ab$$
$$= -12a^2b$$

(3) $10ab \div 5b = \dfrac{10ab}{5b}$
$$= 2a$$

(4) $(-14x^2) \div (-7xy) = \dfrac{-14x^2}{-7xy}$
$$= \frac{2x}{y}$$

(5) $5ab \times 4a \div 10b = \dfrac{5ab \times 4a}{10b}$
$$= 2a^2$$

(6) $(-4xy) \div 6x \times 3y = \dfrac{-4xy \times 3y}{6x}$
$$= -2y^2$$

(7) $18x^3 \div (-3x)^2 \times (-2x)$
$$= \frac{18x^3 \times (-2x)}{(-3x)^2} = \frac{-36x^4}{9x^2}$$
$$= -4x^2$$

7 2種類の文字に代入しよう

→ 本冊 21ページ

❶ (1) 8　(2) 20　(3) 45　(4) -60

解説

複雑な式は，式を整理してから x に -2，y に 5 を代入します。-2 はかっこに入れて代入しましょう。

(1) $x+2y = (-2)+2 \times 5$
$$= -2+10$$
$$= 8$$

(2) $7x-2(x-3y) = 7x-2x+6y$
$$= 5x+6y$$
$$= 5 \times (-2)+6 \times 5$$
$$= 20$$

(3) $6(x+y)-3(2x-y)$
$$= 6x+6y-6x+3y$$
$$= 9y$$
$$= 9 \times 5$$
$$= 45$$

(4) $18x^2y \div 3x = 6xy$
$$= 6 \times (-2) \times 5$$
$$= -60$$

8 文字式で説明しよう

→ 本冊 23ページ

❶ もとの自然数の十の位の数を x，一の位の数を y とすると，もとの自然数は，
$$10x+y$$
十の位の数と一の位の数を入れかえた自然数は，$10y+x$
この 2 数の和は，
$$(10x+y)+(10y+x) = 11x+11y$$
$$= 11(x+y)$$
$x+y$ は整数なので，$11(x+y)$ は 11 の倍数である。

9 等式の形を変えてみよう

→ 本冊25ページ

❶ (1) $x = 20 - 4y$　(2) $a = \dfrac{y}{2b}$

　　(3) $y = \dfrac{34 - 6x}{5}$　(4) $b = \dfrac{2x - a}{2}$

解説

等式を変形して, 左辺は [ ] の中の文字だけにして, [ ] の中の文字＝○の形にします。

(1) $x + 4y = 20$

　　　$x = 20 - 4y$　　$4y$ を移項します。

(2) 　$y = 2ab$

　　$2ab = y$　　両辺を入れかえます。

　　　$a = \dfrac{y}{2b}$　　両辺を $2b$ でわります。

(3) $6x + 5y = 34$

　　$5y = 34 - 6x$　　$6x$ を移項します。

　　　$y = \dfrac{34 - 6x}{5}$　　両辺を 5 でわります。

(4) 　$x = \dfrac{a + 2b}{2}$

　　$2x = a + 2b$　　両辺を 2 倍します。

　　$-2b = a - 2x$　　$2x$ と $2b$ を移項します。

　　　$b = \dfrac{2x - a}{2}$　　両辺を -2 でわります。

おさらい問題

→ 本冊26ページ

❶ (1) 3 次式　(2) 2 次式

解説

式の次数は, かけあわされている文字の個数がいちばん多い項の次数です。

(1) $x^2 y = x \times x \times y$ なので 3 次式です。

❷ (1) $x + 10y$　(2) $5a - 6b$

　　(3) $10x + 40y$　(4) $-12x + 24y$

　　(5) $\dfrac{a + 10b}{2}$ $\left(\dfrac{a}{2} + 5b\right)$

　　(6) $\dfrac{-12x + 21y}{2}$ $\left(-6x + \dfrac{21}{2}\, y\right)$

　　(7) $7x + 4y$　(8) $-12a^2 + a - b$

解説

(1) $(4x + 2y) + (-3x + 8y)$
　　$= 4x + 2y - 3x + 8y$
　　$= 4x - 3x + 2y + 8y$
　　$= x + 10y$

(2) $(2a - 5b) - (-3a + b)$
　　$= 2a - 5b + 3a - b$
　　$= 2a + 3a - 5b - b$
　　$= 5a - 6b$

(3) $5(2x + 8y) = 10x + 40y$

(4) $-4(3x - 6y) = -12x + 24y$

(5) $(a + 10b) \div 2 = \dfrac{a + 10b}{2}$

(6) $(4x - 7y) \div \left(-\dfrac{2}{3}\right)$
　　$= (4x - 7y) \times \left(-\dfrac{3}{2}\right)$
　　$= \dfrac{-3(4x - 7y)}{2}$
　　$= \dfrac{-12x + 21y}{2}$

(7) $3(4x - 2y) + 5(-x + 2y)$
　　$= 12x - 6y - 5x + 10y$
　　$= 7x + 4y$

(8) $-2(6a^2 - b) - (-a + 3b)$
　　$= -12a^2 + 2b + a - 3b$
　　$= -12a^2 + a - b$

❸ (1) $12a^2 b^3$　(2) $\dfrac{8x^2 y^2}{5}$ $\left(\dfrac{8}{5}\, x^2 y^2\right)$

　　(3) $2x^2 y$　(4) $27x^2$

解説

(1) $4ab \times 3ab^2 = 4 \times 3 \times ab \times ab^2$
　　　　　　　$= 12a^2 b^3$

(2) $8x^3 y^2 \div 5x = \dfrac{8x^3 y^2}{5x}$
　　　　　　$= \dfrac{8x^2 y^2}{5}$

(3) $4xy^2 \times 3x \div 6y = \dfrac{12x^2 y^2}{6y}$
　　　　　　　$= 2x^2 y$

(4) $(6x)^2 \div 4x \times 3x = \dfrac{36x^2 \times 3x}{4x}$
　　　　　　　$= 27x^2$

④ (1) 34　(2) 58

解説

(1) $2(4x-3y)=8x-6y$
$\qquad\qquad =8\times2-6\times(-3)$
$\qquad\qquad =16+18$
$\qquad\qquad =34$

(2) $5x-2y-3(2y-4x)$
$\quad =5x-2y-6y+12x$
$\quad =17x-8y$
$\quad =17\times2-8\times(-3)$
$\quad =34+24$
$\quad =58$

⑤ 百, 十, 一の位の数がそれぞれ a, b, c である 3 けたの自然数は, $100a+10b+c$ と表せる。
$a+b+c$ は 9 の倍数なので, 整数 N を用いて
$a+b+c=9N$ とおくと,
$\quad 100a+10b+c$
$=99a+9b+c+a+b$
$=9(11a+b)+a+b+c$
$=9(11a+b)+9N$
$=9(11a+b+N)$
$11a+b+N$ は整数なので, $9(11a+b+N)$ は 9 の倍数である。したがって, $a+b+c$ が 9 の倍数のとき, 百, 十, 一の位の数がそれぞれ a, b, c である 3 けたの自然数は 9 の倍数である。

⑥ $x=\dfrac{y-8}{2}$ $\left(x=\dfrac{y}{2}-4\right)$

解説

$y=2x+8$ 〈両辺を入れかえます。
$2x+8=y$ 〈8 を移項します。
$2x=y-8$ 〈両辺を 2 でわります。
$x=\dfrac{y-8}{2}$

2章
連立方程式

10 連立方程式って何？

→ 本冊 29ページ

❶ (1) ⑦, ⑨, ⑪　(2) ⑦, ⑨, ⑪
　(3) $x=5$, $y=1$

解説

(1) $x+y=6$ の x, y に⑦～⑪の値を代入して, 左辺 $=6$ となる組を答えます。
　⑦ $x+y=1-7=-6\neq$ 右辺
　④ $x+y=3+3=6=$ 右辺
　⑨ $x+y=5+1=6=$ 右辺
　⑪ $x+y=7-1=6=$ 右辺
　よって, 求める解は, ④, ⑨, ⑪

(2) $2x-y=9$ の x, y に⑦～⑪の値を代入して, 左辺 $=9$ となる組を答えます。
　⑦ $2x-y=2+7=9=$ 右辺
　④ $2x-y=6-3=3\neq$ 右辺
　⑨ $2x-y=10-1=9=$ 右辺
　⑪ $2x-y=12-3=9=$ 右辺
　よって, 求める解は, ⑦, ⑨, ⑪

(3) 連立方程式の解は, ①と②の両方の式を成り立たせる x, y の値の組だから, $x=5$, $y=1$

11 2つの式をたしたり ひいたりして解こう

→ 本冊 31ページ

❶ (1) $x=1$, $y=-2$　(2) $x=3$, $y=1$
　(3) $x=-2$, $y=-3$

解説

(1) $\begin{cases}5x+y=3\cdots① \\ 2x-y=4\cdots②\end{cases}$
　①＋②より,
$\qquad 5x+y=3$
$\underline{+)\,2x-y=4}$
$\qquad 7x\quad\ =7$
$\qquad\ x\quad\ =1$
$x=1$ を①に代入すると,

$$5 \times 1 + y = 3$$
$$y = 3 - 5$$
$$y = -2$$

よって，$x=1$, $y=-2$

(2) $\begin{cases} x+6y=9 \cdots ① \\ x+2y=5 \cdots ② \end{cases}$

①－②より，

$$\begin{array}{r} x+6y=9 \\ -)\underline{x+2y=5} \\ 4y=4 \\ y=1 \end{array}$$

$y=1$ を②に代入すると，

$$x+2 \times 1 = 5$$
$$x = 5 - 2$$
$$x = 3$$

よって，$x=3$, $y=1$

(3) $\begin{cases} 3x+2y=-12 \cdots ① \\ x-2y=4 \quad\ \cdots ② \end{cases}$

①＋②より，

$$\begin{array}{r} 3x+2y=-12 \\ +)\underline{\ x-2y=4\ } \\ 4x \quad\quad =-8 \\ x \quad\quad =-2 \end{array}$$

$x=-2$ を②に代入すると，

$$-2-2y=4$$
$$-2y=4+2$$
$$2y=-6$$
$$y=-3$$

よって，$x=-2$, $y=-3$

12 式を何倍かして解いてみよう

→ 本冊33ページ

❶ (1) $x=-2$, $y=3$
(2) $x=-6$, $y=10$
(3) $x=3$, $y=-4$

解説

(1) $\begin{cases} 2x-y=-7 \cdots ① \\ 3x+4y=6 \ \cdots ② \end{cases}$

①×4＋②より，

$$\begin{array}{r} 8x-4y=-28 \\ +)\underline{\ 3x+4y=6\ } \\ 11x \quad\quad =-22 \\ x \quad\quad =-2 \end{array}$$

$x=-2$ を①に代入すると，

$$2 \times (-2) - y = -7$$
$$-4-y=-7$$
$$-y=-7+4$$
$$-y=-3$$
$$y=3$$

よって，$x=-2$, $y=3$

(2) $\begin{cases} 2x+3y=18 \cdots ① \\ 3x+2y=2 \ \cdots ② \end{cases}$

①×3－②×2より，

$$\begin{array}{r} 6x+9y=54 \\ -)\underline{6x+4y=4\ } \\ 5y=50 \\ y=10 \end{array}$$

$y=10$ を①に代入すると，

$$2x+3 \times 10 = 18$$
$$2x+30=18$$
$$2x=18-30$$
$$2x=-12$$
$$x=-6$$

よって，$x=-6$, $y=10$

(3) $\begin{cases} 3x+4y=-7 \cdots ① \\ 5x+3y=3 \ \cdots ② \end{cases}$

①×3－②×4より，

$$\begin{array}{r} 9x+12y=-21 \\ -)\underline{20x+12y=12\ } \\ -11x \quad\quad =-33 \\ x \quad\quad =3 \end{array}$$

$x=3$ を①に代入すると，

$$3 \times 3 + 4y = -7$$
$$9+4y=-7$$
$$4y=-7-9$$
$$4y=-16$$
$$y=-4$$

よって，$x=3$, $y=-4$

13 代入を利用して連立方程式を解こう

→ 本冊35ページ

❶ (1) $x=2$, $y=5$ (2) $x=8$, $y=-1$
(3) $x=-2$, $y=-11$

解説

(1) $\begin{cases} x+2y=12 \ \cdots ① \\ y=1+2x \ \cdots ② \end{cases}$

②を①に代入すると，

$$x+2(1+2x)=12$$
$$x+2+4x=12$$
$$5x=12-2$$
$$5x=10$$
$$x=2$$
$x=2$ を②に代入すると,
$$y=1+2\times2$$
$$y=5$$
よって, $x=2$, $y=5$

(2) $\begin{cases} x=6-2y & \cdots① \\ 3x+4y=20 & \cdots② \end{cases}$

①を②に代入すると,
$$3(6-2y)+4y=20$$
$$18-6y+4y=20$$
$$-2y=20-18$$
$$y=-1$$
$y=-1$ を①に代入すると,
$$x=6-2\times(-1)$$
$$x=6+2$$
$$x=8$$
よって, $x=8$, $y=-1$

(3) $\begin{cases} y=7x+3 & \cdots① \\ y=x-9 & \cdots② \end{cases}$

①を②に代入すると,
$$7x+3=x-9$$
$$7x-x=-9-3$$
$$6x=-12$$
$$x=-2$$
$x=-2$ を②に代入すると,
$$y=-2-9$$
$$y=-11$$
よって, $x=-2$, $y=-11$

14 かっこや分数や小数をふくむ 連立方程式

→ 本冊37ページ

❶ (1) $x=1$, $y=-2$
(2) $x=-3$, $y=4$　　(3) $x=2$, $y=3$

解説

(1) $\begin{cases} x+5y=-9 & \cdots① \\ 3(x-y)-2y=13 & \cdots② \end{cases}$

②を整理すると,
$$3x-3y-2y=13$$
$$3x-5y=13 \cdots③$$
①+③より,

$$x+5y=-9$$
$$+)\underline{3x-5y=13}$$
$$4x=4$$
$$x=1$$
$x=1$ を①に代入すると,
$$1+5y=-9$$
$$5y=-10$$
$$y=-2$$
よって, $x=1$, $y=-2$

(2) $\begin{cases} \dfrac{2}{3}x-\dfrac{1}{4}y=-3 & \cdots① \\ x+3y=9 & \cdots② \end{cases}$

①×12+②より,
$$8x-3y=-36$$
$$+)\underline{x+3y=9}$$
$$9x=-27$$
$$x=-3$$
$x=-3$ を②に代入すると,
$$-3+3y=9$$
$$3y=9+3$$
$$y=4$$
よって, $x=-3$, $y=4$

(3) $\begin{cases} x+4y=14 & \cdots① \\ -0.1x+0.3y=0.7 & \cdots② \end{cases}$

①+②×10より,
$$x+4y=14$$
$$+)\underline{-x+3y=7}$$
$$7y=21$$
$$y=3$$
$y=3$ を①に代入すると,
$$x+4\times3=14$$
$$x+12=14$$
$$x=2$$
よって, $x=2$, $y=3$

15 個数と代金の問題を 解いてみよう

→ 本冊39ページ

❶ チョコレートケーキ… 5個
ショートケーキ 　　… 7個

解説

チョコレートケーキの個数を x 個, ショートケーキの個数を y 個とします。
個数の関係(①)と代金の関係(②)から式をたてると,

$$\begin{cases} x+y=12 & \cdots① \\ 150x+100y=1450 & \cdots② \end{cases}$$

①×100−②より,

$$\begin{array}{r} 100x+100y=1200 \\ -)\ 150x+100y=1450 \\ \hline -50x=-250 \\ x=5 \end{array}$$

$x=5$ を①に代入すると,

$$\begin{aligned} 5+y&=12 \\ y&=12-5 \\ y&=7 \end{aligned}$$

この解は問題に合っています。

よって, チョコレートケーキは5個, ショートケーキは7個

16 時間や速さの問題を解いてみよう

➡ 本冊41ページ

❶ 兄の分速…240 m
弟の分速…210 m

解説

兄の分速を x m, 弟の分速を y m とすると,
1分間に2人は $(x+y)$ m 近づきます。
2人が3分間に進んだ道のりの合計が1350 mだから, $(x+y)×3=1350$
整理して, $x+y=450$ …①
また, 同時に同じ方向に走ると, 1分間に2人は $(x-y)$ m 離れます。
45分間に, 兄は弟より1350 m 多く進んだので, $(x-y)×45=1350$
整理して, $x-y=30$ …②

①+②より,

$$\begin{array}{r} x+y=450 \\ +)\ x-y=30 \\ \hline 2x=480 \\ x=240 \end{array}$$

$x=240$ を①に代入すると,

$$\begin{aligned} 240+y&=450 \\ y&=450-240 \\ y&=210 \end{aligned}$$

この解は問題に合っています。

よって, 兄の分速は240 m
弟の分速は210 m

おさらい問題

➡ 本冊42ページ

❶ (ウ), (エ)

解説

それぞれの式に $x=-2$, $y=3$ を代入して, 組になっている式が両方とも成り立つものを答えます。

(ア) $\begin{cases} 2x+y=1 & \cdots① \\ 2x-3y=13 & \cdots② \end{cases}$

①左辺 $=2×(-2)+3$
　　　 $=-4+3$
　　　 $=-1 \neq 右辺$

(イ) $\begin{cases} 4x+2y=6 & \cdots① \\ 3x-4y=-1 & \cdots② \end{cases}$

①左辺 $=4×(-2)+2×3$
　　　 $=-8+6$
　　　 $=-2 \neq 右辺$

(ウ) $\begin{cases} 4x+y=-5 & \cdots① \\ -3x+4y=18 & \cdots② \end{cases}$

①左辺 $=4×(-2)+3$
　　　 $=-8+3$
　　　 $=-5=右辺$

②左辺 $=-3×(-2)+4×3$
　　　 $=6+12$
　　　 $=18=右辺$

よって, (ウ) の解は $x=-2$, $y=3$

(エ) $\begin{cases} y=-x+1 & \cdots① \\ -2x+y=7 & \cdots② \end{cases}$

①右辺 $=-(-2)+1$
　　　 $=3=左辺$

②左辺 $=-2×(-2)+3$
　　　 $=4+3$
　　　 $=7=右辺$

よって, (エ) の解は, $x=-2$, $y=3$

❷ (1) $x=-1$, $y=2$
(2) $x=4$, $y=-2$
(3) $x=2$, $y=-3$
(4) $x=-2$, $y=-2$

解説

(1) $\begin{cases} 7x+4y=1 \cdots① \\ 3x+4y=5 \cdots② \end{cases}$

①−②より,

9

$$7x+4y=1$$
$$-\underline{)\,3x+4y=5}$$
$$4x\qquad=-4$$
$$x\qquad=-1$$

$x=-1$ を①に代入すると,
$$7\times(-1)+4y=1$$
$$-7+4y=1$$
$$4y=1+7$$
$$4y=8$$
$$y=2$$
よって, $x=-1$, $y=2$

(2) $\begin{cases} x-3y=10\cdots① \\ 2x+3y=2\ \cdots② \end{cases}$

①+②より,
$$x-3y=10$$
$$+\underline{)\,2x+3y=2}$$
$$3x\qquad=12$$
$$x\qquad=4$$

$x=4$ を②に代入すると,
$$2\times4+3y=2$$
$$3y=2-8$$
$$3y=-6$$
$$y=-2$$
よって, $x=4$, $y=-2$

(3) $\begin{cases} -3x+2y=-12\cdots① \\ 3x-y=9\qquad\cdots② \end{cases}$

①+②より,
$$-3x+2y=-12$$
$$+\underline{)\ \ 3x-\ \ y=9}$$
$$y=-3$$

$y=-3$ を①に代入すると,
$$-3x+2\times(-3)=-12$$
$$-3x-6=-12$$
$$-3x=-12+6$$
$$-3x=-6$$
$$x=2$$
よって, $x=2$, $y=-3$

(4) $\begin{cases} 5x-8y=6\ \cdots① \\ 2x-8y=12\cdots② \end{cases}$

①-②より,
$$5x-8y=6$$
$$-\underline{)\,2x-8y=12}$$
$$3x\qquad=-6$$
$$x\qquad=-2$$

$x=-2$ を①に代入すると,
$$5\times(-2)-8y=6$$
$$-10-8y=6$$
$$-8y=6+10$$
$$-8y=16$$
$$y=-2$$
よって, $x=-2$, $y=-2$

❸ (1) $x=-2$, $y=-9$
　　(2) $x=3$, $y=1$

解説

(1) $\begin{cases} y=2x-5\ \ \ \cdots① \\ 3x-2y=12\cdots② \end{cases}$

①を②に代入すると,
$$3x-2(2x-5)=12$$
$$3x-4x+10=12$$
$$-x=12-10$$
$$-x=2$$
$$x=-2$$

$x=-2$ を①に代入すると,
$$y=2\times(-2)-5$$
$$y=-4-5$$
$$y=-9$$
よって, $x=-2$, $y=-9$

(2) $\begin{cases} 2x=-4y+10\cdots① \\ 2x+7y=13\ \ \ \cdots② \end{cases}$

①を②に代入すると,
$$(-4y+10)+7y=13$$
$$-4y+7y=13-10$$
$$3y=3$$
$$y=1$$

$y=1$ を①に代入すると,
$$2x=-4+10$$
$$2x=6$$
$$x=3$$
よって, $x=3$, $y=1$

❹ (1) $x=3$, $y=6$
　　(2) $x=10$, $y=-16$
　　(3) $x=4$, $y=7$

解説

(1) $\begin{cases} 3x-2y=-3\qquad\cdots① \\ 4(x+1)-3y=-2\ \cdots② \end{cases}$

②を整理して,

$$4x+4-3y=-2$$
$$4x-3y=-2-4$$
$$4x-3y=-6 \quad\text{…③}$$

①×3－③×2 より，
$$\begin{array}{r}9x-6y=-9\\-)\underline{8x-6y=-12}\\x=3\end{array}$$

$x=3$ を①に代入すると，
$$3\times3-2y=-3$$
$$9-2y=-3$$
$$-2y=-3-9$$
$$2y=12$$
$$y=6$$

よって，$x=3,\ y=6$

(2) $\begin{cases}2x+y=4 & \text{…①}\\0.3x+0.1y=1.4 & \text{…②}\end{cases}$

①－②×10 より，
$$\begin{array}{r}2x+y=4\\-)\underline{3x+y=14}\\-x=-10\\x=10\end{array}$$

$x=10$ を①に代入すると，
$$2\times10+y=4$$
$$20+y=4$$
$$y=4-20$$
$$y=-16$$

よって，$x=10,\ y=-16$

(3) $\begin{cases}2x-y=1 & \text{…①}\\\dfrac{x}{2}+\dfrac{y}{7}=3 & \text{…②}\end{cases}$

②に14をかけて，
$$7x+2y=42\text{…③}$$

①×2＋③より，
$$\begin{array}{r}4x-2y=2\\+)\underline{7x+2y=42}\\11x=44\\x=4\end{array}$$

$x=4$ を①に代入すると，
$$2\times4-y=1$$
$$8-y=1$$
$$-y=1-8$$
$$y=7$$

よって，$x=4,\ y=7$

❺ お菓子 A…4 個，お菓子 B…6 個

解説

お菓子 A を x 個，お菓子 B を y 個買う予定だったとします。

予定から，$120x+150y=1380$…①

支払った代金から，$150x+120y=1320$…②

①÷30　$4x+5y=46$…③

②÷30　$5x+4y=44$…④

③×5－④×4 より，
$$\begin{array}{r}20x+25y=230\\-)\underline{20x+16y=176}\\9y=54\\y=6\end{array}$$

$y=6$ を③に代入すると，
$$4x+5\times6=46$$
$$4x+30=46$$
$$4x=46-30$$
$$4x=16$$
$$x=4$$

よって，お菓子 A を 4 個，お菓子 B を 6 個買う予定だったとわかります。

3章
1次関数

17 **1次関数とは？**

➡ 本冊45ページ

❶ (1) $y=200x+100$　○

(2) $y=\dfrac{50}{x}$　×

(3) $y=1000-120x$　○

(4) $y=4x$　○

(5) $y=2x+50$　○

解説

x と y がともなって変わり，y が x の 1 次式で表される（$y=ax+b$）とき，y は x の 1 次関数です。

(1) $y=ax+b$ で，$a=200$，$b=100$ の場合で，

1 次関数です。

(2) $y=ax+b$ の形にはなりません。

(3) $y=ax+b$ で，$a=-120$，$b=1000$ の場合で，1 次関数です。

(4) $y=ax+b$ で，$a=4$，$b=0$ の場合で，1 次関数です。

(5) $y=ax+b$ で，$a=2$，$b=50$ の場合で，1 次関数です。

18 2つの量の関係を調べよう

➡ 本冊47ページ

❶ (1)［ア］－11　［イ］－5　［ウ］1
　　　［エ］7　［オ］5
　(2)［カ］6　［キ］6

【解説】

(1) ア～エ…$y=6x-5$ の x に－1 ～ 2 を代入して，それぞれの y の値を求めます。
　　オ…$y=6x-5$ の y に 25 を代入して，x の値を求めます。
　　ア：$6\times(-1)-5=-11$
　　イ：$6\times0-5=-5$
　　ウ：$6\times1-5=1$
　　エ：$6\times2-5=7$
　　オ：$25=6\times x-5$
　　　$25+5=6x$
　　　　$6x=30$
　　　　　$x=5$

(2) $7-1=6$，$1-(-5)=6$，$(-5)-(-11)=6$ より，6 ずつ増えています。
　　変化の割合は x の値が 1 増えたときの y の増加量なので，変化の割合は 6 です。

❷ (1) 4　(2)－2　(3) $\dfrac{1}{4}$

【解説】

1 次関数 $y=ax+b$ の変化の割合は a です。

19 表を使ってグラフをかいてみよう

➡ 本冊49ページ

❶ (1)［ア］0　［イ］1　［ウ］2　［エ］3
　　　［オ］4
　(2)［ア］4　［イ］3　［ウ］2　［エ］1
　　　［オ］0

(3) ① $y=x+2$

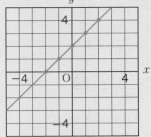

② $y=-\dfrac{1}{2}x+2$

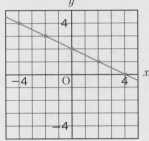

【解説】

(1) $y=x+2$ の x に－2 ～ 2 の値を代入して，それぞれの y の値を求めます。
　　$x=-2$ のとき，$y=-2+2=0$
　　$x=-1$ のとき，$y=-1+2=1$
　　$x=0$ のとき，$y=0+2=2$
　　$x=1$ のとき，$y=1+2=3$
　　$x=2$ のとき，$y=2+2=4$

(2) $y=-\dfrac{1}{2}x+2$ の x に－4 ～ 4 の値を代入して，それぞれの y の値を求めます。
　　$x=-4$ のとき，$y=2+2=4$
　　$x=-2$ のとき，$y=1+2=3$
　　$x=0$ のとき，$y=0+2=2$
　　$x=2$ のとき，$y=-1+2=1$
　　$x=4$ のとき，$y=-2+2=0$

(3) ① $y=x+2$ のグラフは (1) の表の対応する x,y の値を座標とする点をとり，直線で結びます。

　　② $y=-\dfrac{1}{2}x+2$ のグラフは (2) の表の対応する x, y の値を座標とする点をとり，直線で結びます。

20 式からグラフをかいてみよう

→ 本冊 51ページ

❶ (1) 切片…2, 傾き…−1　(2) 2

(3) ①

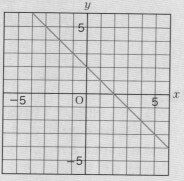

②

解説

(1) 1次関数 $y=ax+b$ のグラフの切片は b, 傾きは a です。$-x=-1\times x$ より, $a=-1$

(2) 1次関数 $y=ax+b$ の変化の割合は a です。

(3) ①点 (0, 2) を通り, 傾き −1 より, この点から, 右へ1, 下へ1進んだ点を通る直線になります。

②点 (0, −3) を通り, 傾き2より, この点から, 右へ1, 上へ2進んだ点を通る直線になります。

21 1次関数の式を求めよう

→ 本冊 53ページ

❶ $y=-\dfrac{1}{2}x+1$

解説

傾きが $-\dfrac{1}{2}$ なので, 求める式を $y=-\dfrac{1}{2}x+b$

とおいて, $x=4$, $y=-1$ を代入すると,

$-1=-\dfrac{1}{2}\times 4+b$ より,

$b=-1+2$

　$=1$

よって, 求める式は $y=-\dfrac{1}{2}x+1$

❷ $y=6x-5$

解説

求める式を $y=ax+b$ とおくと, 変化の割合から,

$a=\dfrac{13-(-17)}{3-(-2)}=6$ より,

$y=6x+b$　点 (3, 13) を通るから,

$13=6\times 3+b$

　$b=13-18$

　　$=-5$

よって, 求める式は $y=6x-5$

22 方程式のグラフって何？

→ 本冊 55ページ

❶

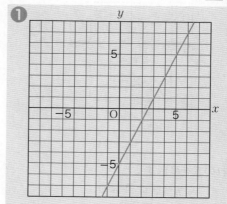

❷

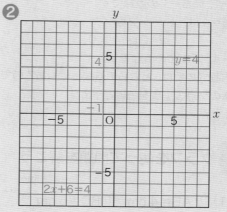

解説

❶ $2x-y=5$ は変形すると，$y=2x-5$ となるので，傾き 2，切片 -5 の直線です。
点 $(0, -5)$ と，この点から右へ 1，上へ 2 進んだ点 $(1, -3)$ を通ります。

❷ $y=4$ のグラフは，x のどの値に対しても y の値は 4 なので，切片 4 で x 軸に平行な直線です。
$2x+6=4$ は変形すると $x=-1$ となり，y のどの値に対しても x の値は -1 なので，$(-1, 0)$ を通り y 軸に平行な直線です。

23 連立方程式の解を グラフから求めよう

→ 本冊57ページ

❶ ［ア］$-x-1$　［イ］$2x-4$　［ウ］1
　［エ］-2

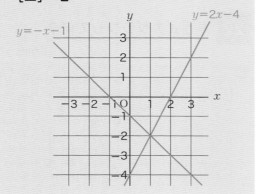

解説

それぞれの式を変形すると，
$x+y=-1$ は，$y=-x-1$ より，
切片 -1，傾き -1 の直線です。
$2x-y=4$ は，$-y=-2x+4$
　　　　　　　　$y=2x-4$ より，
切片 -4，傾き 2 の直線です。
連立方程式の解は，どちらの直線上にもあるので，2 直線の交点の座標を読みとって，
$x=1$，$y=-2$

24 グラフを使って問題を解こう

→ 本冊59ページ

❶ (1) 辺 AB＝4 cm，辺 BC＝6 cm
　(2) $y=3x$
　(3) 14 秒後

(4) 右の図

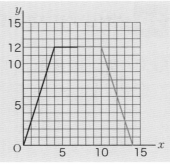

解説

(1) グラフから，出発して 4 秒間面積が増え続け，その後面積が一定なので，点 P は 4 秒後に頂点 B にいることがわかります。点 P は毎秒 1 cm 進むので，
AB＝4 cm
また，4 秒後の △ APD の面積は △ ABD の面積に等しいので，
$\dfrac{1}{2} \times 4 \times AD = 12$ より，AD＝6 cm
四角形 ABCD は長方形なので，
BC＝AD＝6 cm

(2) グラフは原点を通り，傾きが $\dfrac{12}{4}=3$ より，グラフの式は $y=3x$

(3) AB＋BC＋CD＝4＋6＋4＝14 (cm)，点 P は毎秒 1 cm 進むので，出発して 14 秒後に点 D に到着します。

(4) BC 間は 6 cm なので，4 秒後から (4＋6＝) 10 秒後までのグラフは $y=12$，その後，14 秒後に面積は 0 になるので，点 $(10, 12)$ と点 $(14, 0)$ を結びます。

おさらい問題

→ 本冊60ページ

❶ (ア)，(エ)

解説

(ア)は $y=1000-200x$
　　　　$=-200x+1000$
(イ)は $y=\pi x^2$
(ウ)は $xy=24$
(エ)は $y=10+5x$
　　　　$=5x+10$
より，$y=ax+b$ の形になる (ア) と (エ) が 1 次関数です。

② (1) $y=4x-7$　　(2) $y=2x+4$
　　(3) $y=-x-2$

解説

(1) 変化の割合が4より，式を $y=4x+b$ とおいて，$x=3$, $y=5$ を代入すると，
$5=4\times3+b$
$b=5-12=-7$
求める式は，$y=4x-7$

(2) 求める直線の式を $y=ax+b$ とおくと，
変化の割合 $a=\dfrac{12-0}{4-(-2)}=2$ より，
$y=2x+b$
$x=-2$, $y=0$ を代入すると，
$0=2\times(-2)+b$
$b=4$
求める式は，$y=2x+4$

(3) 切片が-2より，式を $y=ax-2$ とおいて，
$x=-4$, $y=2$ を代入すると，
$2=-4a-2$
$4a=-2-2$
$a=-1$
求める式は，$y=-x-2$

③ 連立方程式の解は $x=1$, $y=2$

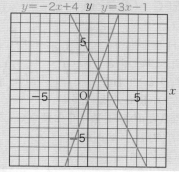

解説

直線 $y=-2x+4$（傾き-2, 切片4）と
$y=3x-1$（傾き3, 切片-1）をかき，
交点の座標を読みとります。交点の座標は (1, 2)
なので，連立方程式の解は $x=1$, $y=2$

④ (1) 3 cm　　(2) $y=2x$

解説

(1) 水は8分間で24 cm 増えているので，1分
間では $24\div8$ より，3 cm 上昇します。

(2) 12分から15分の3分間で，水面の高さが
24 cm から 30 cm になっているので，
$\dfrac{30-24}{15-12}=2$ より，変化の割合は2です。
よって，$y=2x+b$ に $x=15$, $y=30$ を代入
して，$b=0$　　したがって，$12\leqq x\leqq15$ の
ときのグラフの式は $y=2x$

4章
平行と合同

25 同位角・錯角ってどんな角？

➡ 本冊 63ページ

❶ 52°

解説

対頂角は等しいから，$48°+\angle x+80°=180°$
$\angle x=180°-(48°+80°)=52°$

❷ 対頂角…$\angle a$ と $\angle c$, $\angle b$ と $\angle d$,
$\angle e$ と $\angle g$, $\angle f$ と $\angle h$
同位角…$\angle a$ と $\angle e$, $\angle b$ と $\angle f$,
$\angle c$ と $\angle g$, $\angle d$ と $\angle h$
錯角…$\angle b$ と $\angle h$, $\angle c$ と $\angle e$

解説

対頂角は，交わった2直線で
できる角のうち，向かい合っ
た角です。

同位角は，2直線に1本の直
線が交わってできる角のうち，
右の図1の同じ印の角のよう
に，同じ位置にある角です。

錯角は，右の図2の同じ印の
角のように，2直線の内側に互い違いにある角で
す。

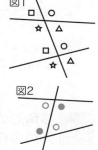

図1

図2

15

26 平行な直線の 同位角・錯角は等しい！

➡ 本冊 65ページ

❶ ∠x＝120°, ∠y＝80°

解説

∠x は 120°の角の同位角です。
∠y は 80°の角の錯角です。

❷ ∠x＝110°, ∠y＝52°

解説

∠xは110°の角の錯角です。
右の図で, ℓ∥mのとき,
∠a＝∠b（錯角）,
∠a＝∠c（同位角）
より,

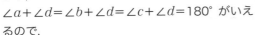

∠a＋∠d＝∠b＋∠d＝∠c＋∠d＝180° がいえ
るので,
∠y＝180°－128°＝52°

27 三角形の外角ってどこの角？

➡ 本冊 67ページ

❶ (1) 60°　(2) 55°
(3) 75°　(4) 100°

解説

三角形の内角の和は 180°です。
(1) ∠x＝180°－（70°＋50°）
　　　＝60°
(2) ∠x＝180°－（35°＋90°）
　　　＝55°
(3) 三角形の外角の性質
　を利用します。
　右の図で,
　∠x＝∠a＋∠b
　∠x＝25°＋50°

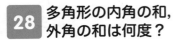

　　　＝75°
(4) 40°＋∠x＝140°
　∠x＝140°－40°
　　　＝100°

28 多角形の内角の和, 外角の和は何度？

➡ 本冊 69ページ

❶ (1) 70°　(2) 50°

解説

(1) 四角形の内角の和は 360°なので,
　∠x＝360°－（125°＋80°＋85°）
　　　＝70°
(2) 五角形の内角の和は, 180°×（5－2）＝540°
　540°－（92°＋100°＋95°＋123°）＝130°
　∠x＝180°－130°
　　　＝50°

❷ (1) 1440°　(2) 144°
(3) 360°　(4) 36°

解説

n 角形の内角の和は, 180°×（n－2）
(1) 180°×（10－2）＝1440°
(2) 正十角形のすべての内角の大きさは等しい
　ので, 1440°÷10＝144°
(3) 多角形の外角の和は 360°
(4) 外角の大きさはすべて等しいので, 1つの外
　角は 360°÷10＝36°

29 合同ってどういうこと？

➡ 本冊 71ページ

❶ (1) 辺 EF　(2) ∠H
(3) △EFG　(4) 7 cm

解説

四角形 EFGH を
四角形 ABCD と同じ向き
になるようにすると, 右の
図のようになり, 頂点 A と

頂点 E, 頂点 B と頂点 F, 頂点 C と頂点 G, 頂点
D と頂点 H が対応しています。
(4) HG＝DC＝7 cm
　　対応する辺や角は, 対応する頂点を順に並べ
　　ます。

30 三角形が合同であるための 条件は？

➡ 本冊 73ページ

❶ ⑦と⑪ 2組の辺とその間の角がそれぞ
れ等しい
④と⑨ 1組の辺とその両端の角がそれ
ぞれ等しい
①と⑦ 3組の辺がそれぞれ等しい

解説

④と⑦は 3 つの角が 30°，70°，80°です。

---

31 証明って何をするの？

→ 本冊 75ページ

❶ (1) 仮定…半径の等しい円　結論…合同

(2) 仮定…2 でわりきれる数
　　　結論…偶数

解説

「○○○○ならば□□□□である」
　　 仮定　　　　　 結論

❷ (1) $\ell /\!/ m$, AB＝CD

(2) △OAB≡△ODC

(3) 1 組の辺とその両端の角がそれぞ
　　 れ等しい

(4) ∠OAB＝∠ODC,
　　 ∠OBA＝∠OCD

解説

(1) 仮定は，結論を導くために与えられた条件。

(2) 結論は，仮定を用いて導きたいこと。

(3) 三角形の合同条件のうち，仮定からいえるこ
とを考えます。辺の長さで等しいといえるの
は，辺 AB と辺 DC の 1 組だけです。

(4) $\ell /\!/ m$ から，平行線の錯角が等しいことが
使えます。

---

32 実際に合同の証明をしてみよう

→ 本冊 77ページ

❶ [ア] △ABC≡△DCB

[イ] △ABE≡△DCE

[ウ] △DCE　[エ] AB＝DC

[オ] ∠BAE＝∠CDE
　　 （∠BAC＝∠CDB）

[カ] ∠AEB＝∠DEC

[キ] ∠CDE＋∠DEC

[ク] ∠ABE＝∠DCE

[ケ] 1 組の辺とその両端の角

解説

△ABE と△DCE において，仮定から，1 組の辺
（辺 AB と辺 DC）と 1 組の角（∠A と∠D）が等

しいことがわかっています。三角形の合同条件の
うち，「1 組の辺とその両端の角がそれぞれ等しい」，
または「2 組の辺とその間の角がそれぞれ等しい」
を条件にできることがわかります。

問題の図から，BC＝CB もいえますが，これは
△ABE ≡△DCE には使えないので，②には角の
条件が入ります。

[オ] から④の式の∠BAE は∠CDE に，[カ] か
ら⑤の式は∠AEB は∠DEC に置きかえられる
ので，④と⑤の式は等しくなります。

おさらい問題

→ 本冊 78ページ

❶ (1) 30°　(2) 70°　(3) 45°　(4) 70°

解説

(1) 平行線の同位角は等しいので，∠x ととなり
合った角は 150°です。よって，
∠x＝180°－150°＝30°

(2) 下の図のように，∠x を通り直線 ℓ に平行な
直線をひくと，平行線の錯角は等しいので，
∠x＝50°＋20°＝70°

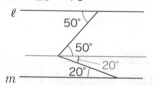

(3) 下の図のように補助線をひくと，三角形の内
角と外角の性質より，
∠a＋∠x＝∠c, ∠b＋35°＝∠d,
∠a＋∠b＝40°, ∠c＋∠d＝120°より，
∠a＋∠x＋∠b＋35°＝120°
∠x＝120°－（∠a＋∠b＋35°）
　　 ＝120°－（40°＋35°）
　　 ＝45°

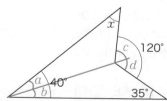

(4) 次のページの図で，四角形 ABCD は長方形
だから，
∠ABC＝90°より，
∠ABE＝90°－50°＝40°
平行線の錯角は等しいから，

∠BAE＝∠AFD＝70°
三角形の内角の和は 180°より，
∠x＝180°−（40°＋70°）＝70°

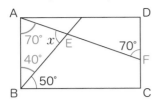

② (1) 1800° (2) 140° (3) 80°

解説
n 角形の内角の和は，180°×（*n*−2）
(1) 十二角形の内角の和は，
　　180°×（12−2）＝1800°
(2) 正九角形の内角の和は，
　　180°×（9−2）＝1260°
　　1 つの内角は 1260°÷9＝140°
　　[別解] 正九角形の外角の和は 360°だから，
　　1 つの外角は 360°÷9＝40°
　　よって，1 つの内角は 180°−40°＝140°
(3) 五角形の外角の和は 360°だから，
　　∠x＝360°−{50°＋90°＋35°＋（180°−75°）}
　　　＝360°−280°＝80°

③ (1) △ABC と△EDC
　　(2) 2 組の辺とその間の角がそれぞれ
　　　　等しい。

解説
△ABC と△EDC において，
△BCD，△ACE は正三角形だから，
BC＝DC…①
CA＝CE…②
∠BCA＝60°＋∠DCA…③
∠DCE＝∠DCA＋60°…④
③，④より，∠BCA＝∠DCE…⑤
①，②，⑤より，2 組の辺とその間の角がそれぞ
れ等しいから，△ABC ≡△EDC

④ [ア] AD＝AE [イ] ∠ADC＝∠AEB
　　（[ア] と [イ] は逆でもよい）
　　[ウ] △ACD ≡△ABE
　　[エ] ∠CAD＝∠BAE
　　[オ] 1 組の辺とその両端の角

5章
三角形・四角形

33 2つの辺が等しい三角形
→ 本冊81ページ

① (1) 70° (2) 64° (3) 44°

解説
(1) AB＝AC より，∠ABC＝∠ACB
　　よって，∠x＝（180°−40°）÷2＝70°
(2) AB＝AC より，∠ABC＝∠ACB＝58°
　　よって，∠x＝180°−58°×2＝64°
(3) AD＝BD より，∠ABD＝∠BAD＝34°
　　△ABD において，三角形の内角と外角の性
　　質より，∠BDC＝34°＋34°＝68°
　　BD＝BC より，∠BCD＝∠BDC＝68°
　　三角形の内角の和は 180°だから，
　　∠x＝180°−68°×2＝44°

34 逆ってどういうこと？
→ 本冊83ページ

① 逆…△ABC と△DEF で，
　　∠ABC＝∠DEF ならば△ABC≡△DEF
　　逆は正しくない

解説
あることがらの逆は，仮定と結論を入れかえた
ものです。ここでは，△ABC と△DEF の
∠ABC＝∠DEF について述べているので，逆の
仮定にも，「△ABC と△DEF で」をつけます。三
角形では 1 組の角が等しいだけでは合同とはい
えないので，逆は正しくありません。

② (1) 逆…*a*×*c*＝*b*×*c* ならば，*a*＝*b* で
　　　　ある。
　　　　反例…*c*＝0，*a*＝2，*b*＝3 のとき，
　　　　a×*c*＝*b*×*c*＝0 だが，*a*＝*b* ではな
　　　　いので，逆は正しくない。
　　(2) 逆…*x*＝1 ならば，3*x*＋5＝8 である。
　　(3) 逆…4 つの角がすべて 90°の四角形

は正方形である。

反例…長方形の4つの角もすべて90°なので，逆は正しくない。

解説

(1) $a=b$ のとき，c はいくつでも（0でも）$a×c=b×c$ は成り立ちますが，c が0のとき，$a=b$ でなくても $a×c=b×c=0$ が成り立つので，逆は正しくありません。

(2) $x=1$ ならば，$3x+5=3×1+5=8$ となるので，逆も正しいです。

(3) 4つの角がすべて90°の四角形は正方形と長方形だから，逆は正しくありません。

35 直角三角形の合同条件は特別だよ

➡ 本冊85ページ

❶ [ア] △PDO　[イ] ∠POD
[ウ] ∠PDO
[エ] 直角三角形の斜辺と1つの鋭角
[オ] △PCO　[カ] 辺の長さ　[キ] PD

解説

仮定は∠POA＝∠POB，OA⊥PC，OB⊥PD
結論はPC＝PDです。
[ア] 仮定からPC＝PDをいうには，△PCOと△PDOの合同を利用します。
[エ] ①，②，③を根拠にいえることは，直角三角形の合同です。

36 平行四辺形の性質を覚えよう

➡ 本冊87ページ

❶ [ア] ∠DCA　[イ] ∠CAD　[ウ] AC
[エ] 1組の辺とその両端の角
[オ] △CDA　[カ] CD　[キ] CB

解説

平行線の錯角が等しいことを利用して証明しています。

37 特別な平行四辺形って何？

➡ 本冊89ページ

❶ (1) 長方形　(2) ひし形　(3) ひし形
(4) 正方形

解説

(1) 対角線の長さが等しい平行四辺形は長方形です。

(2) 対角線が垂直に交わる平行四辺形はひし形です。

(3) AD＝CDのとき，4つの辺がすべて等しい平行四辺形になるので，ひし形です。

(4) ∠C＝90°のとき，4つの角はすべて等しくなります。さらに，AB＝BCより，4辺がすべて等しくなるので，正方形です。

❷ ③

38 面積が等しい図形

➡ 本冊91ページ

❶ △DBC，△DAC，△ABD

解説

AD∥BCより，BCを底辺とする，△ABCと△DBCは，高さが等しいので，面積は等しいです。
AB∥DCより，CDを底辺とする，△DBCと△DACは，高さが等しいので，面積は等しいです。
また，ABを底辺とする，△ABCと△ABDも高さが等しいので，面積は等しくなります。

❷ 下の図

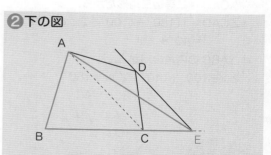

点Dを通り，直線ACに平行な直線をひき，直線BCとの交点をEとします。

解説

四角形ABCD＝△ABC＋△ACDだから，
△ACE＝△ACDとなれば，
四角形ABCD＝△ABC＋△ACD
　　　　　　＝△ABC＋△ACE
　　　　　　＝△ABEとなります。
△ACEと△ACDとはACが共通なので，高さが等しければ△ACE＝△ACDとなります。よって，点Dを通り，直線ACに平行な直線をひき，直線BCとの交点をEとします。

おさらい問題

⇒ 本冊 92ページ

1 (1) 25° (2) 20°

解説

(1) △ABC は二等辺三角形だから,

$\angle ABC = \angle ACB = (180° - 80°) \div 2$
$= 50°$

△ACD は二等辺三角形だから, △ACD の内角と外角の性質より,

$\angle CAD = \angle CDA = 50° \div 2 = 25°$

よって, $\angle x = 25°$

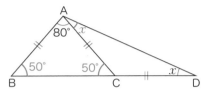

(2) △EBD は二等辺三角形だから, $\angle BDE = \angle x$

△EBD の外角と内角の性質より,

$\angle DEC = 2\angle x$

△DEC は二等辺三角形だから,

$\angle DCE = \angle DEC = 2\angle x$

$\angle ACB = 100°$ だから, $\angle ACD = 100° - 2\angle x$

△CAD は二等辺三角形だから,

$\angle CAD = \{(180° - (100° - 2\angle x))\} \div 2$
$= 40° + \angle x$

△ABC の内角の和から,

$\angle x + 100° + (40° + \angle x) = 180°$
$2\angle x = 40°$
$\angle x = 20°$

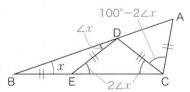

2 △AEB′ と △CED において,

四角形 ABCD は長方形だから,

$\angle ABC = \angle CDE = 90°$ …①

折り返した角だから,

$\angle AB'E = \angle ABC = 90°$ …②

①, ②より,

$\angle AB'E = \angle CDE = 90°$ …③

対頂角は等しいから,

$\angle AEB' = \angle CED$ …④

AD∥BC より, 錯角は等しいから,

$\angle EAC = \angle BCA$ …⑤

折り返した角だから,

$\angle ECA = \angle BCA$ …⑥

⑤, ⑥より,

$\angle EAC = \angle ECA$ …⑦

よって, △EAC は二等辺三角形だから,

$AE = CE$ …⑧

③, ④, ⑧より, 直角三角形の斜辺と1つの鋭角がそれぞれ等しいから,

△AEB′≡△CED

[別解]

※④までは同じです。

三角形の内角の和より,

$\angle B'AE = 180° - (90° + \angle AEB')$ …⑤
$\angle DCE = 180° - (90° + \angle CED)$ …⑥

④, ⑤, ⑥より,

$\angle B'AE = \angle DCE$ …⑦

長方形の対辺は等しく, 折り返した辺だから,

$AB' = CD$ …⑧

③, ⑦, ⑧より, 1組の辺とその両端の角がそれぞれ等しいから, △AEB′≡△CED

3 ①, ③, ⑤

解説

①1組の向かい合う辺が平行で等しいから, 平行四辺形です。

②下の図1のような等脚台形になる場合があります。

③下の図2で, 平行線の同位角は等しいから,

$\angle BAD = \angle CDE$

仮定より, $\angle BAD = \angle BCD$

よって, $\angle CDE = \angle BCD$

錯角が等しいので, AD∥BC となります。2組の向かい合う辺がそれぞれ平行なので, 平行四辺形です。

図1

図2

④ AB∥DC, ∠A＝∠D
　でも，右の図のようになる
　場合があります。
⑤ 4 つの角が等しい四角形は
　長方形です。

④ (1) 100° (2) 60°

【解説】
(1) AD∥BC より，∠BAD＝180°－60°＝120°
　∠DAF＝(120°－80°)÷2＝20°
　∠D＝∠B＝60°
　よって，△ADF の内角の和から，
　∠x＝180°－(20°＋60°)＝100°
(2) AD∥BC より，∠ADC＝180°－120°＝60°
　AB＝AE より，∠AEB＝∠ABE＝∠ADC＝60°
　AD∥BC より，∠x＝60°

⑤ 2 つの対角線がそれぞれの中点で交わっているので，平行四辺形になる。

【解説】
四角形 ABCD は平行四辺形だから，
BO＝DO…①　　　　　AO＝CO…②
EO＝AO－AE…③　　FO＝CO－CF…④
仮定から，AE＝CF…⑤
②，③，④，⑤より，EO＝FO…⑥
①，⑥より，2 つの対角線がそれぞれの中点で交わっているので，平行四辺形です。

⑥

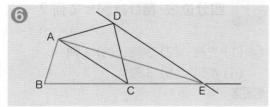

【解説】
四角形 ABCD＝△ABC＋△ACD なので，
△ACE＝△ACD となれば，
四角形 ABCD＝△ABC＋△ACE＝△ABE となります。
△ACE と△ACD とは AC が共通なので，辺 AC を底辺として，高さが等しければ，△ACE＝△ACD となります。点 D を通り，直線 AC に平行な直線をひき，直線 BC との交点を E とします。

6章
確率と箱ひげ図

39 ことがらの起こりやすさを数で表そう

➡ 本冊95ページ

❶ (1) $\dfrac{1}{6}$ (2) $\dfrac{1}{2}$

【解説】
$$\left(\begin{array}{l}\text{あることがらの}\\\text{起こる確率}\end{array}\right)＝\dfrac{(\text{そのことがらの起こる場合の数})}{(\text{起こり得るすべての場合の数})}$$
(1) さいころを 1 回投げたとき起こり得るすべての場合は，1 から 6 の目が出る 6 通りあります。そのうち，1 の目が出る場合は 1 通りなので，求める確率は，$\dfrac{1}{6}$
(2) 偶数の目は 2，4，6 の 3 通りあるので，
　求める確率は，$\dfrac{3}{6}＝\dfrac{1}{2}$

❷ (1) $\dfrac{1}{3}$ (2) $\dfrac{2}{3}$

【解説】
(1) 玉は 6 個あるので，玉の取り出し方は全部で 6 通りあります。白玉が出る場合は 2 通りあるので，求める確率は，$\dfrac{2}{6}＝\dfrac{1}{3}$
(2) 赤玉または黄玉である場合は 1＋3＝4 (通り) あるので，求める確率は，$\dfrac{4}{6}＝\dfrac{2}{3}$

❸ (1) $\dfrac{1}{4}$ (2) $\dfrac{1}{13}$

【解説】
(1) トランプは全部で 52 枚，そのうち♥のマークのカードは 13 枚あるので，
　求める確率は，$\dfrac{13}{52}＝\dfrac{1}{4}$
(2) 7 のカードは 4 種類のマークに 1 枚ずつあるので，求める確率は，$\dfrac{4}{52}＝\dfrac{1}{13}$

40 図をかいて確率を求めてみよう

➡ 本冊97ページ

❶ (1) $\dfrac{1}{8}$　(2) $\dfrac{3}{8}$

樹形図

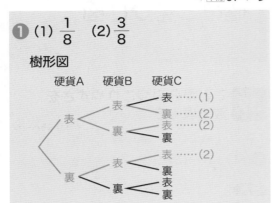

解説

(1) 3枚の硬貨の裏, 表の出方は, 樹形図より8
　　通りあります。そのうち, 3枚とも表になる
　　場合は1通りなので, 求める確率は, $\dfrac{1}{8}$

(2) 2枚が表で, 1枚が裏になる場合は3通りあ
　　るので, 求める確率は, $\dfrac{3}{8}$

❷ Aさん: $\dfrac{1}{3}$, Bさん: $\dfrac{1}{3}$

解説

当たりくじを1, はずれくじを2, 3として, 樹
形図をかくと, 次のようになります。
樹形図より, 2人のくじのひき
方は6通りあります。
Aさんが当たる場合は○印の
2通り, Bさんが当たる場合は
◎印の2通り。
よって, 当たる確率はどちらも,
$\dfrac{2}{6}=\dfrac{1}{3}$

```
　　　　　　 Aさん　Bさん
①＜ 2  ○
   　3  ○
2 ＜ ①  ◎
   　3
3 ＜ ①  ◎
   　2
```

41 表を使って確率を求めてみよう

➡ 本冊99ページ

❶ 大小2つのさいころの目の和は, 下の
表のようになります。

大＼小	1	2	3	4	5	6
1	2	3	4	5	6	7
2	3	4	5	6	7	8
3	4	5	6	7	8	9
4	5	6	7	8	9	10
5	6	7	8	9	10	11
6	7	8	9	10	11	12

(1) $\dfrac{1}{6}$　(2) $\dfrac{7}{36}$　(3) 7

解説

(1) すべての場合は, 6×6より, 36通り。
　　和が4以下とは, 和が2, 3, 4のどれかと
　　いうことなので, 6通りあります。(上の表の
　　○印)
　　よって, 求める確率は, $\dfrac{6}{36}=\dfrac{1}{6}$

(2) 5の倍数は, 5と10なので, 7通りあります。
　　(上の表の□印)
　　よって, 求める確率は, $\dfrac{7}{36}$

(3) 和が7になる場合が6通りで, 最も多いです。

42 四分位数・箱ひげ図って何？

➡ 本冊101ページ

❶ (1) 7冊　(2) 3冊　(3) 1冊
　(4) 4冊　(5) 3冊

解説

データを小さい順に並べると, 次のようになり
ます。

0　1　1　2　3　3　4　4　6　7 (冊)
四分位数は, 次のようになります。

```
　　　前半　　　　　　　　後半
0　1　1　2　3　3　4　4　6　7
　　　↑　　　　　↑　　　　↑
　第1四分位数  第2四分位数  第3四分位数
```

(1) データの範囲はデータの (最大値) − (最小値)
　　より, 7−0＝7 (冊)

(2) 第2四分位数は, データの中央の値だから,